로봇,
뮤지컬을
만나다

TECHNOLOGY ROBOT CULTURE MUSICAL CONVERGENCE

로봇,
뮤지컬을
만나다

지은숙
지음

기술과 문화 융합 시리즈

①

ROBOT, MUSICAL을 만나다?

인류의 역사를 일컫는 또 다른 표현은 전쟁의 역사이다. 이는 비록 의도하지 않았다 할지라도 인류 역사에서 전쟁은 매우 중대한 사건일 뿐 아니라, 현재의 시점에서 과거를 해석하는 데 의미 있는 실마리를 제공하기 때문일 것이다.

오늘날 지구상에서 물리적인 전쟁은 매우 줄어들었지만, 우리는 여전히 소리 없는 전쟁 속에 끊임없는 격동의 시간을 보내고 있다. 이러한 소리 없는 전쟁 중 하나가 바로 문화이다. 한 민족, 한 국가의 특징적 요소였던 문화는 미디어와 인터넷의 발달로 국경을 넘어 직접 접촉할 수 없는 지역까지도 서서히 변화시킬 수 있을 만큼의 강력한 파급력을 보여주고 있다.

아마도 지금 인류의 역사를 전쟁의 역사라고도 부르는 것처럼 먼 훗날에는 '인류의 역사는 문화의 역사'라고 부르는 때가 도래할지도 모를 일이다. 복잡다단한 설명을 하지 않더라도 주요 선진국뿐 아니라 다수의 국가에서 문화와 관련된 정부 부처를 두고 있으며, 경제적 성장을 논할 때 문화를 독립적인 어젠다로 선정하고 있다.

전쟁의 승패가 새로운 전략과 새로운 무기에 의해 좌우되었던 것처럼, 문화 또한 새로운 전략과 새로운 무기를 필요로 하는 시점을 맞이하고 있다. 과거 사람에 의해 행해지던 문화의 영역이 기술과의 만남을 통해 새로운 방법으로 다시 태어나고 있다. 이러한 기술과의 만남이 가장 잘 활용되는 분야가 바로 뮤지컬이라고 할 수 있다.

성공하는 뮤지컬에는 뇌리에 깊이 남는 단 하나의 명장면들이 있다. 극적 효과를 높일 수 있는 장면에는 언제나 연출자의 의도를 효과적으로 표현할 수 있는 테크놀로지와의 만남이 있었으며, 이는 관객들의 기억에 강력한 인상을 남겨주며 작품을 성공으로 이끄는 열쇠가 되었다

뮤지컬 산업을 비롯한 우리나라의 문화 산업은 한류의 바람을 타고 급속도로 성장해나가고 있다. 문화에 대한 깊은 이해와 통찰력을 바탕으로 오랜 시간에 걸쳐 이루어진 미국이나 영국의 문화 산업구조와 비교해볼 때, 대중적 장르 중심으로 빠르게 발달한 우리나라의 문화 산업은 그들과는 차별화된 우리만의 전략으로 지금의 성장세를 이어나가야 한다.

그렇다면 관객들에게 감동을 줄 수 있는 인상 깊은 장면을 연출하기 위한 우리나라만의 전략은 무엇일까? 관점을 바꿔 로봇의 눈으로 뮤지컬을 바라보는 것도 하나의 방법일 것이다.

로봇은 기계, 통신 등 모든 기술이 합쳐진 상징적 키워드이다. 각종

요소기술들의 총체적 융합의 산물이자, 새로운 융합 및 신시장 창출을 주도해나가는 로봇은 향후 우리나라의 경제성장을 이끌어갈 미래 산업이다. 기술 산업으로 성장한 우리나라는 하드웨어 기반의 산업구조가 먼저 발달했으며, 문화 산업이 그 날갯짓을 시작하며 구조와 기틀을 다져가고 있는 지금, 기술 산업을 중심으로 문화 산업을 견인해가는 것이 바람직한 전략일 수 있다.

로봇의 두뇌는 무대 위의 촛불이 되어 오페라하우스 지하를 아름답게 밝혔고, 로봇의 근육은 강인한 영웅 킹콩의 심장을 뛰게 했으며, 별이 빛나는 밤, 로봇의 팔은 마법의 양탄자를 하늘 높이 날게 했다. 이처럼 로봇의 요소기술들이 손을 내밀어 성장하는 뮤지컬을 비롯한 신흥 문화 산업을 견인하게 될 때, 로봇 산업과 뮤지컬 산업의 동반성장과 더불어 그 만남이 우리에게 가져다줄 기분 좋은 파장이 기대된다.

제2, 제3 창조적 융합문화의 기분 좋은 파장을 꿈꾸며……

"이야기들은 시대에 따라 새로운 방법으로 표현되어야 한다.
Stories have to get told in new ways for each generation."
_필 스탠튼Phil Stanton, 블루맨 그룹 제작자

"모든 기술적 혁신의 배경에는 꿈이 있다. 모든 새로운 제품의 뒤에는
꿈이 있다. 꿈이 충분한 노력과 만나면 현실을 창조한다.
Behind every technological breakthrough there lies a dream.
Behind every new product there lies a dream. Dreams create realities
through hard work."
_롤프 옌센Rolf Jensen, 『드림 소사이어티』 중에서

"이성에 의해 버림받은 상상력은 괴물을 만들어내지만,
이성과 결합한 상상력은 예술과 그 경이로움의 모태이다.
Fantasy, abandoned by reason, produces impossible monsters;
united with it, she is the mother of the arts and the origin of
marvels."
_프란시스코 고야Francisco de Goya

"기술은 무엇과 만나서 어떤 결과를 창조하고자 하느냐에 따라
자유롭게 쪼개지고 합쳐지는 변형이 가능하여야 한다."

_지은숙

CONTENTS :

머리말 _04

제1장 감성사회의 융합 기술 _09

제2장 뮤지컬, 기술과 함께 가다 _27

제3장 로봇, 뮤지컬을 만나다 _45

오페라의 유령 _46

미스 사이공 _68

캣츠 _86

레 미제라블 _102

킹콩 _116

마틸다 _130

스파이더맨 _146

알라딘 _160

록키 _176

찰리와 초콜릿 공장 _190

고스트 _210

타잔 _226

반지의 제왕 _240

마이클 잭슨: 더 이모털 월드 투어 & 더 원 _252

블루맨 그룹 퍼포먼스 _268

제4장 차세대 문화 산업을 생각하다 _281

감성사회의
융합 기술

TECHNOLOGY

ROBOT

CULTURE

MUSICAL

CONVERGENCE

Why Robot?
–
왜 기술인가?

인공두뇌를 가진 인간, 인간의 마음을 닮은 로봇, 로봇 팔을 가진 인간…… 로봇을 닮은 인간인가, 인간을 닮은 로봇인가? 로봇은 인간의 생각과 마음을 닮아가며 점차 인간이 되어가고 있다. 즉 로봇과 인간은 공존을 넘어 한 몸이 되어가고 있다.

상상으로만 존재하던 세계가 첨단융합기술을 통해 현실 가능해지고 새로운 문화가 되어가고 있다. 이제 기술은 인간의 생활 속에서 인간과의 공존을 넘어 합체 수준에 이르고 있다.

새로운 기술은 새로운 문화를 만들고, 새로운 문화는 다시 새로운 기술을 필요로 하는 선순환적 구조 속에서 공존해간다. 이는 네덜란드의 판화가 M. C. 에셔의 〈Drawing Hands〉로 설명될 수 있을 것이다.

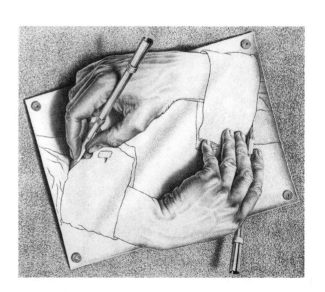

M.C. 에셔, 〈Drawing Hands〉

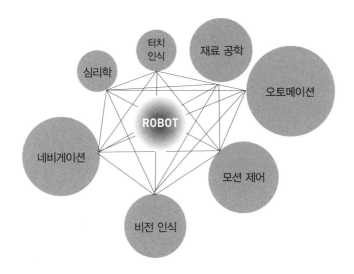

　다양한 기술과 학문 간 융합의 결과인 로봇은 기술과 심리 등 공학과 인문학 그리고 예술의 융합이 벽을 허물고 만난 자리에서 태어난 대표적 분야이다. 자연스러운 움직임이나 인간과의 상호작용을 구현하기 위해 물리역학, 전자전기학, 컴퓨터공학, 기계공학 등의 기술을 집적시킨 로봇공학을 넘어, 심리학, 디자인, 미학, 역사학 등 새로운 영역의 지식을 활용해 기술의 결과물인 로봇이 감정과 의도를 갖게 하고 인간과의 상호작용을 가능하게 한다.

　사람과 사람, 기계와 기계, 회사와 회사 등 기술과 산업을 둘러싼 모든 벽이 사라지고 있는 이 시점에서 향후 대한민국 산업의 중흥을 위하여 무엇을 고민해야 하는지 살펴볼 시점이다.

로봇 기술은 융합을 통해 점차 인간의 삶에 가까워지고 있다. 세계 최고의 IT 기업인 구글이 약 1년간 로봇 관련 기술을 보유한 기업들을 인수하며 마침내 세계 최고의 기술력을 자랑하는 보스턴 다이내믹스를 인수한 사건은 전 세계 산업계에 큰 충격을 주었다. 구글의 기업 인수합병은 일상적이지만, 주력 사업인 IT 계열과 관계없는 분야의 기업들을 이토록 짧은 기간 동안 집중적으로 인수한 적은 없었다. 아마존닷컴은 배송할 물건을 자동으로 찾아서 운송할 수 있는 무인 배송 로봇 드론의 도입을 위해 제반 사항들과 인프라를 구축하는 중이다. 일본의 통신 기업 소프트뱅크는 사람의 표정과 목소리 상태를 분석하여 감정을 추정해 인간과 커뮤니케이션하는 로봇 '페퍼'를 공개했다. 해외의 대표적 사례를 분석해보면, 최근 로봇 산업의 주도권은 IT 기업들이 쥐고 있다는 것을 알 수 있다. 국내 기업의 경우 대한항공이 무인 비행 로봇 분야 연구에 박차를 가하고 있으며, 삼성 및 LG 계열사들도 웨어러블 컴퓨팅 기술이나 IoT(사물인터넷) 분야에 진출하고 있다.

국내외 산업 동향을 종합적으로 살펴볼 때, 향후 로봇 산업은 완성된 제품으로서 로봇을 판매하는 개념뿐 아니라 모듈화된 개별 기술을 일상이나 문화 전반에 활용하는 방식으로 발전할 가능성이 크다. 기술이 상황과 목적에 따라 자유롭게 쪼개지고 합쳐져야 융합이 이루어지듯, 로봇 또한 개별 기술들이 분리되어 도구로써 역할을 할 때 그 기능이 발현되고, 도구로써의 역할을 넘어 문화 속의 생태계를 만들어갈 것으로 보인다. 최근의 로봇 융합 역시 이러한 관점에서 시작되고 있다.

향후 기술과 산업의 흐름을 전망하기 위해서는 먼저 인간에 대한 이해가 필요하다. 미국의 심리학자 앨더퍼Clayton P. Alderfer의 인간 욕구 위계 이론에 따르면, 인간의 욕구는 하위 동기의 충족으로 인해 상위 동기에 대한 욕구가 생성되는 위계적 관계를 지니고 있다 식욕, 성욕, 공격성 등 생존에 필요한 물질적, 생리적 욕구인 '생존 욕구Physical'가 충족된 이후 타인과의 친밀함이나 신뢰적인 인간관계를 형성하고 유지하고자 하는 욕구인 '관계 욕구Social'가 생겨나고, 마지막으로 예술에 대한 추구나 학문적 탐구와 같이 인간 본인이 중요하게 여기는 능력이나 잠재력을 발전시키려는 정신적 욕구인 '성장 욕구Mental'가 발생한다는 것이다.

이는 기술의 발전 양상과도 유사한 흐름을 보인다. 산업혁명기의 과학기술은 주로 인간 생존에 필요한 물품의 대량 제조를 목적으로 이용

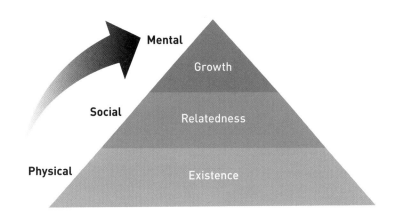

감성 사회의 융합 기술

되었다. 20세기의 발전된 기술은 인간에게 직접적인 서비스를 제공함으로써 인간과 보다 가까워졌다. 21세기의 기술은 마침내 인간의 정신적 욕망을 구현하는 단계에 도달했다.

기술의 발달도 이와 맥락을 공유한다. 산업사회의 로봇은 인간의 노동력을 대체하고 공산품을 대신 생산하는 등 인간의 필요Need를 충족시켜주는 하인Servant이었다. 한편 물질의 풍요가 이루어진 이후 고도로 발달된 정보화사회에 들어선 인간은 또 다른 개체와의 연결성, 나를 잘 알아주고 이해해주는 대상과의 친밀함을 원하게Want 되었으며, 로봇은 기꺼이 인간의 친구Friend이자 보호자Caregiver가 되었다. 지금 우리가 살고 있는 사회는 로봇 기술을 비롯한 다양한 테크놀로지의 도입을 통해 물질적 풍요와 관계의 욕구가 모두 충족된 사회이다. 이러한 사회에서의 인간은 예술적 경험과 자아실현을 욕망Desire하는데, 이와 같은 인간의 성장 욕구를 충족시켜주기 위해 로봇 기술은 문화와 감성, 의미 등

인간의 내면적 능력을 발현시켜주는 인간의 분신Avatar을 찾고 있다.

　감성사회, 인간의 욕망을 실현시켜주는 로봇 기술은 예술, 공연, 전시 등 각종 문화 분야에 모듈화된 요소기술을 탑재하여 인간의 문화 속으로 스며들며 인간의 삶에 점점 가까워지고 있다. 이미 개별화된 기술은 고지에 다다랐으므로, 감성사회의 로봇 기술은 개별 기술들을 어떻게 통합하고 어떻게 활용해야 하는지를 고민해야 한다. 예술과 기술의 경계에서 인간에 대해 고민하고 문화에 대해 고민할 때 비로소 감성사회의 융합 기술이 나아가야 할 방향을 찾을 수 있을 것이다.

Why Culture?
－
왜 문화인가?

전 세계가 놀랄 정도로 빠른 시간 안에 눈부신 경제적 성장을 이룬 우리나라는 2차 산업의 성장을 바탕으로 문화 산업 또한 급속한 양적, 질적 성장을 이루었다. 따라서 문화 산업이 주도적으로 기술을 접목해가는 웨스트엔드나 브로드웨이식 접근이 아니라, 국내 산업구조를 반영한 관점으로 전환하여 하드웨어 기반의 기술 산업이 문화 산업 시장에 진출한다면 성장을 거듭하고 있는 뮤지컬 산업에 날개를 달아줄 수 있을 것으로 기대된다.

　우리나라는 하드웨어 및 시스템 기반의 기술이 문화를 이끌어나가는 구조로 나아가야 한다. 이 과정이 성공적으로 이루어지기 위해서는 단순히 이전에 뮤지컬 무대에서 활용된 적 없는 첨단 기술의 소개나 전시적 자랑에서 끝나는 것이 아니라 로봇 기술과 뮤지컬 스토리의 접점을

감성사회의 융합 기술

이해하여 적절히 융합해야 한다.

세계적인 경제학자 피터 드러커는 문화적 브랜드 가치는 각 개인과 국가의 존재 이유이자 강력한 무기라고 이야기했다. 도시경제학자이자 『신창조계급The Rise of the Creative Class』의 저자인 리처드 플로리다 교수는 "과거의 경제는 토지나 상품, 자본 등을 기반으로 삼았지만 오늘날의 경제는 사람과 장소가 가장 중요한 역할을 하는 시대이며, 이것이 창조 경제의 특징이다"라고 역설한다.

군이 미래학자들의 말을 빌리지 않더라도 이미 우리 산업은 제조업 중심의 경제 성장과 서비스업, 지식정보 산업을 거쳐 생활방식, 아이디어, 가치관 등 다양한 의미와 가치를 갖는 문화적 요소들이 문화 산업의 형태로 재구성되고 유통되며, 다양한 기술, 미디어, 서비스의 접목을 통해 고부가가치를 갖는 문화중심경제로 이동 중이다.

다변화되고 오감을 자극하는 소비자의 욕구를 충족시키기 위해 기술과 문화는 새로운 아이디어와 새로운 시도를 거듭하며 또 다른 문화를 만들어가고 있다.

문화 산업으로 차세대 성장을 이루고 있는 대표적 국가가 영국이다. 영국의 문화 산업을 보면 우리나라의 문화 산업에 해당하는 산업군을 Department of Culture, Media & Sport가 주관하는 '창조 산업 Creative Industry'이라 명명하고 예술을 포함한 건축, 출판, 광고, 디자인, 게임 등 다양한 산업을 정책적으로 포괄한다. 주목할 만한 것은 한국의 '지식정보 산업'의 의미보다 더 큰 개념인 '소프트웨어와 컴퓨터서비스' 또한 창조 산업 내에 포함하여 문화적 관점으로 접근한다는 것이다.

영국 정부에서 제시하는 창조 산업의 정의는 '개인의 창의성, 기술, 재능을 기반으로 일자리와 부를 창출해낼 가능성이 있는 지적 재산권 기반의 활동'이다. 이를 통해 창조 산업에서 개인(장인, 예술가)의 참여와 능력을 중시하며, 그들의 문화적 지적 재산권을 보장한다는 점을 알 수 있다.

문화적인 다양성과 차이에 대한 관용이야말로 창조의 기반이다. 영국은 비슷한 경제적 규모, 비슷한 생활환경의 다른 나라들에 비해 여가와 문화에 지출하는 비용이 30% 이상 높다. 경제적 측면과는 별도로, 문화는 인간사회를 인간답게 만들고 창조의 기쁨을 준다는 점에서 이미 충분히 중요하다. 영국인들이 문화에 대해 갖는 개념이 보다 대중적이고 포괄적이며 국민 개개인이 문화에 기여하고 그에 대한 지적 재산권을 보장받는 환경이 조성되었기 때문에 현재 영국의 문화 산업이 성장할 수 있었던 것처럼, 우리에게도 새로운 대책이 필요해 보인다.

문화 산업 성장의 열쇠는 기술과의 융합이라고 모두가 입을 모아 말한다. 이는 최고급 태블릿 PC로 손글씨 메모앱을 사용하고, 최신 미러리스 디지털카메라에는 필름카메라 효과 필터가 탑재되어 있는 등, 하이테크에 대항하여 오히려 인간적이고 따뜻한 감성을 추구하게 되는 경향과도 일맥상통한다. 미래학자 존 나이스비트John Naisbitt는 '메가트렌드Megatrend' 시리즈를 통해 하이테크의 정반대 개념으로 인간적인 감성을 의미하는 하이터치 개념을 소개했다. 하이테크 사회는 엄청난 부를 생산해냈지만 시대가 변화하며 하이테크에 감성이 결합된 하이터치 사회를 맞이하고 있다. 우리는 새로운 국면의 시대를 맞이하고 있으며, 미래사회는 감성 중심의 융합 없이는 설명할 수 없다.

미국의 미래학자 다니엘 핑크Daniel Pink의 말을 빌리면, 지금까지의 지식 기반 산업 정보화 사회에서는 좌뇌적 사고와 기능적 요소들로 자본을 축적해왔다면, 앞으로의 시대에는 이러한 지식근로자가 더 이상의 경쟁력을 가질 수 없을 것이라고 한다. 지금까지가 좌뇌 중심의 사회였다면 앞으로는 좌뇌와 우뇌를 통합적으로 활용하는 인재가 사회를 이끌어갈 것이고, 양쪽 뇌를 모두 사용하여 기능적 요소들에 의미를 부여하는 감성적 가치가 결합하여 새로운 사고와 새로운 기술의 시대를 살아갈 것이다.

여기서 양쪽 뇌란 바로 융합적 사고와 융합적 기술을 의미한다. 예를 들면 기능보다는 디자인으로 접근해야 아름답고 긍정적인 감정을 유발해 경제적, 개인적 보상을 받을 수 있다. 사실을 넘어 감성적인 접근을 통해 문맥적 스토리로 전달되어야 하며, 일방적 분석을 넘어 다면적 통합 능력이 중요시되고, 논리보다는 공감으로, 진지함보다는 즐거움으로, 물질의 축적을 넘어 의미를 추구하는, 전혀 새로운 사고를 필요로 하고 있다.

문화와 기술의 융합이 중요하게 대두되며, 과학기술로 대변되는 좌뇌 영역과 문화예술로 대변되는 우뇌 영역을 고루 사용하고 융합해야 한다는 주장이 강조되고 있다. 하지만 과학기술과 문화예술의 융합은 유행이나 시대적 흐름이라기보다는 '회귀'라고 보는 것이 옳을 것이다. 사실 학문이 오늘날처럼 세분화된 것은 아주 최근의 일이다. 아주 오래전부터 지금까지 사회는 각 분야의 전문가 집단이 아닌 모든 분야를 아우르는 몇 명의 인재를 통해 큰 발전을 이루었다. 과학기술과 인문예술은 그 원점을 공유한다. 과학이 예술을 통해 발전하고 예술이 과학을 통해 발전하는 것과 같이, 보다 거시적 관점에서 보면 기술이 문화를 통해 발전하고 문화가 기술을 통해 발전하면서 인간의 삶이 진화해왔다.

과학은 아름답다. 독일의 천문학자 요하네스 케플러Johannes Kepler는 천동설이 아닌 지동설을 주장했는데, 그 연구의 근거는 태양을 중심으로 지구가 움직일 때의 우주의 운동이 도형적으로 더 아름답기 때문이었다. 영국의 수학자이자 철학자인 버트런드 러셀Bertrand Russell 또한 수학은 진리뿐 아니라 절대적인 아름다움도 가지고 있다고 설명했다.

아름다움은 과학적이다. 아폴론 석상이나 파르테논 신전과 같은 고대 그리스 조각과 건축은 관람객의 시선으로 봤을 때 가장 아름다운 비율로 보일 수 있도록 의도적으로 왜곡을 계산해 각 부분을 만들었다. 피타고라스는 쇠막대를 망치로 칠 때 막대의 길이와 음 높이 사이에 상관관계가 존재한다는 점을 근거로 기타줄의 길이와 음 높이의 관계를 조사하여 서양 음악 음계의 근간이 되는 멜로디를 발견했다.

인류의 탄생과 함께 예술이 시작되었듯, 본능적으로 예술적, 문화적, 감성적 활동을 하는 인간을 위해 지금의 과학기술은 적극적으로 인문 및 예술과 융합하고 있다. 지금의 사회가 앞으로의 미래사회를 맞아 융합을 추구하고 융합적인 인재의 양성을 지원하는 것 또한 놀라운 일은 아니다. 어쩌면 우리는 처음으로 회귀하고 있는지도 모른다. 그것이 옳기 때문이다.

Why Musical?
–
왜 뮤지컬인가?

경제적 가치를 넘어, 뮤지컬은 국가 브랜드 가치를 제고시킬 수 있는 수단이 되기도 한다. 노래와 음악, 아름다운 무대로 표현되는 뮤지컬은 모든 이들이 납득할 수 있는 가장 보편적인 방법으로 특별한 이야기를 전달하는 훌륭한 매개체이다. 뮤지컬 〈헤드윅Hedwig〉은 신나는 록 무대를 통해 동서독 대치의 역사가 낳은 한 인간의 아픔을 전달했으며, 뮤지컬 〈애비뉴 큐Avenue Q〉에서는 인형들이 꾸미는 흥겨운 멜로디 한편에 뉴욕 변두리에서 생활하는 젊은이들의 아픔과 희망을 보여준다.

그뿐 아니라 단발성 쇼나 시각적 자극 위주의 퍼포먼스가 아닌 한 편의 이야기가 있는 공연이라는 점에서 뮤지컬은 민족성을 표현하는 국가 이미지 홍보의 수단이 될 수도 있다. 공연을 보고 난 관객들의 가슴속에는 공연의 배경이 되는 국가나 시대에 대한 이미지가 잔상처럼 남아 있다. 〈캣츠Cats〉를 보고 난 관객들에게는 T. S. 엘리엇이 그려낸 영국의 다양한 인간 군상이 남겨져 있을 것이며, 〈프리실라Priscilla〉 속 성적 소수자들의 이야기를 따라가다 보면 의상과 소품, 무대효과로 표현된 호주의 아름다운 대자연과 사회적 특징, 시드니의 오페라 하우스가 머릿속을 떠다닌다. 〈레 미제라블Les Misérable〉의 거대한 바리케이드 뒤에는 주먹을 불끈 쥔 민중들의 노래가 있었으며, 이는 자유와 평등을 희구했던 프랑스 민주주의의 역사를 그대로 드러낸다.

이처럼 뮤지컬을 통해 국가성과 이념, 상징 등을 쉽고 친숙하게 홍보함으로써 문화 콘텐츠 양성뿐 아니라 대한민국의 긍정적 국가 이미지 형성에 일조할 수 있다. 이를 국가 주도의 사업으로 추진하여 다방면의 전문가가 투입되면 국가 이미지 홍보 등 공익적 효과가 배가될 수 있다.

이와 더불어 문화의 발달은 그 문화가 발생한 장소에 특별한 의미를 부여하게 된다. 파리 방문 시 에펠탑과 개선문을 관광하듯 문화적 건축물이나 장소는 그 자체로 훌륭한 문화적 상징이자 관광자원이다. 문화 산업과의 연계로 한 나라의 문화 산업 발전 수준을 표현하여 국가 이미지 형성에 일조하는 등 단순한 관광 이상의 효과를 달성할 수 있다. 런던을 대표하는 문화 클러스터 관광지이자 영국 오케스트라의 상징인 '바비칸 센터Barbican Center', 프랑스 근대 공연 산업 발달의 상징인 빨간 풍차 '물랭 루즈Moulin Rouge', 세계에서 가장 유명한 20세기 건축물 중 하나인 호주의 '오페라 하우스' 등이 이와 같은 예이다.

뮤지컬은 매년 큰 폭으로 성장세를 이어나가고 있는 문화 산업 분야이다. 2000년대 초반 시장이 형성된 이래 매년 15% 정도 성장하고 있으며, 2010년에는 2008년 대비 18.9%의 매출(2,527억 원) 증대를 보였고, 2013년 3000억 원 이상, 2015년에는 4,000억 원 규모의 성장이 예측되는 등, 국내 공연 산업 시장의 성장을 보여주는 가장 좋은 사례라고 할 수 있다. 우리나라 뮤지컬 시장이 본격적인 성장을 시작한 지 10년이 되

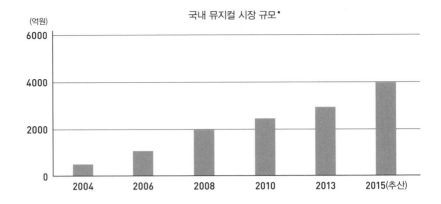

국내 뮤지컬 시장 규모 *

(억원)

6000

4000

2000

0

2004　2006　2008　2010　2013　2015(추산)

어간다. 기계 산업 기반의 고도의 기술을 바탕으로 예술적 융합을 도모한다면 뮤지컬 산업은 한류를 잇는 차세대 문화 산업의 주역으로 발돋움할 수 있다.

　한국 공연 문화 소비 지형에 관한 연구에서도 뮤지컬은 가장 많이 소비된 장르이자 성장세가 매우 두드러지는 장르이기도 하며(2001년~2006년 6년간 소비액 약 4.6배 증가), 이는 전체 공연 소비의 양적 증가를 주도했다고 평가된다. **

　뮤지컬 시장은 기술의 접목을 통해 산업 성장을 도모하고 있다. 뮤지

* 출처 : 한국문화관광연구원, 『국내 뮤지컬 산업 현황 및 발전방안 연구』(2011), 한국문화관광연구원, 『공연물 해외진출 지원 방안 연구』(2013), 경향신문(2013).
** 출처 : 지숙영, 「한국의 공연문화 소비 지형의 기술: 개인의 온라인 티켓 구매 기록 분석」(2011), 한국예술경영학회.

컬 공연 산업의 메카인 브로드웨이는 첨단 공연 기술을 활용한 새로운 방식의 뮤지컬을 시도해 콘텐츠 부족을 해결하고 뮤지컬 작품의 부가가치를 향상시키는 등 지속적 성장을 모색 중이며, 그 결과로 산업 전반의 구조가 보다 체계적이고 조직적으로 변모하고 있다.

한국 뮤지컬의 성장세를 이어나가기 위해, 뮤지컬 산업에 첨단 기술을 접목시킴으로써 뮤지컬 시장 전반의 산업성과 경제성을 제고하고, 첨단 기술 분야의 시장 논리를 도입해 선진화된 비즈니스 체계를 구축해야 할 것으로 보인다. 우리나라의 2차 산업 성장이 해외 우수 원자재를 수입하여 국내의 우수한 기술로 제품을 만들거나 가공한 후 이를 다시 해외로 수출하는 '수입-가공-수출' 체계를 통해 이루어진 것과 같이, 국내 뮤지컬 산업의 2차 성장 또한 해외 우수 공연 콘텐츠를 수입해 국내의 수준 높은 첨단 공연 기술을 접목하며 콘텐츠를 재가공하고, 새롭게 창작된 뮤지컬 및 뮤지컬 내의 세부 모듈 기술들을 수출하는 모델을 설정하여 국내 뮤지컬 산업의 성장을 촉진하고 해외 시장으로의 진출 활성화를 도모할 수 있다.

'하이터치 뮤지컬'이란 미래학자 존 나이스비트의 하이터치와 다니엘 핑 **High Touch Musical?** 크의 하이컨셉 이론에 근거해 고도의 기능인 첨단 IT, 로봇 기술과 고 **–** 도의 감성인 뮤지컬의 융합을 통해 기술적, 물질적 가치를 넘어 공감과 **하이터치 뮤지컬** 스토리, 즐거움이라는 의미와 가치를 극대화하는 뮤지컬의 새로운 분야 **이란?**

감성 사회의 융합 기술

이다. 무대연출의 자유도가 증가되어 현장에서 구현하기 힘든 대형 무대효과나 죽은 영혼의 등장이나 꿈속 장면 등 약간의 무대장치를 통해 관람객과의 암묵적 동의하에 진행되었던 장면들을 무대 위에서 보다 현실감 있게 재현하고 원작의 취지를 보다 사실적으로 반영할 수 있다. 현재 한국이 보유하고 있는 수준 높은 IT 기술 및 로봇 기술을 활용하면 브로드웨이나 웨스트엔드를 능가하는 신개념 첨단 기술 융합 뮤지컬 작품 제작이 가능할 것이다.

국내 뮤지컬 산업은 문화 산업 시장의 성장을 보여주는 가장 좋은 사례이다. 기술 도입 추세 및 신시장 개척 가능성 등을 종합적으로 고려해볼 때 다양한 문화 분야 중에서도 뮤지컬 시장이 가장 유력하다. 최근에는 해외 대형 뮤지컬을 중심으로 기술을 도입하고 있는 추세이다. 〈태양의 서커스Cirque du Soleil〉, 〈스파이더맨Spider Man〉, 〈위키드Wicked〉와 같은 뮤지컬에는 와이어 플라잉Wire Flying, 무대 자동 제어, 홀로그램 등의 기술이 접목되어 있다.

IT 기술과 첨단 기기 제조력, 문화 산업 인프라가 균형적으로 발달한 대한민국은 신성장동력을 제공하는 창조적 문화 비즈니스 생태계가 구축될 수 있는 양질의 토양이다. 우리나라의 강점인 IT 기술과 로봇 기술, 예술문화적 경쟁력을 융합하여 지속적 부가가치를 창조할 수 있는 차세대 문화 산업 장르로 하이터치 뮤지컬을 제안한다. 지금까지의 대한민국이 제조업 중심의 가공무역을 통해 경제발전을 이룩했다면 미래의 경제발전은 기술과 문화가 융합한 문화 산업이 주도할 것이다.

지금은 타 분야와의 적극적인 융합을 통해 IT 한국의 위상을 융합 기술의 선도자로 이어나가는 로봇 한국으로의 재도약 발판을 마련해야 할 때이다. 로봇 기술을 문화와 융합하여 상업화를 시도한다면 고도의 기능인 첨단 IT, 로봇 기술과 고도의 감성인 뮤지컬의 융합을 통해 새로운 문화창조가 가능해질 것이다.

제2장

뮤지컬,
기술과
함께 가다

TECHNOLOGY

ROBOT

CULTURE

MUSICAL

CONVERGENCE

뮤지컬의 기원과 원형에 대해서는 학자별, 전문가별로 이견이 많지만, 고대 원형연극, 종교극을 거쳐 16세기 오페라의 태동, 17세기 영국에서의 가면극 유행에 이어 20세기 바그너가 음악극을 제안한 것 등에서 그 원형을 찾아볼 수 있다는 설이 일반적이다. 이후 발레스크나 보드빌 등 유럽에서 뮤지컬적 양식들이 생겨나며 뮤지컬의 근간이 만들어졌다. 1920~30년대에는 옴니버스 형태 혹은 버라이어티 연예 쇼를 벗어나 통일성 있는 구성과 일관된 주제를 가진 작품들이 생겨났다. 이후 1940~50년대에는 스토리가 명확한 드라마틱 뮤지컬이 탄생했다. 이중 문학 작품을 배경으로 한 〈마이 페어 레이디My Fair Lady〉(원작: 조지 버나드 쇼의 『피그말리온Pygmalion』), 〈웨스트 사이드 스토리West Side Story〉(원작: 셰익스피어의 『로미오와 줄리엣Romeo and Juliet』) 등은 지금까지도 활발히 상영되는 고전 뮤지컬 작품이다. 1960~70년대에는 〈헤어Hair〉, 〈지붕 위의 바이올린Fiddler on the Roof〉, 〈코러스 라인A Chorus Line〉 등 기존 사회 가치관에 대항하는 소재나 구성을 차용한 록 뮤지컬이 탄생하기도 했다.

이후 1970~80년대를 뮤지컬의 발단기로 볼 수 있다. 뮤지컬 산업의 주도권이 영국으로 오게 되었는데, 이 배경에는 전설적인 제작자 카메론 매킨토시와 불후의 작곡가 앤드류 로이드 웨버의 힘이 있었다. 제작자 카메론 매킨토시는 〈캣츠〉, 〈레 미제라블〉, 〈오페라의 유령The Phantom of the Opera〉, 〈미스 사이공Miss Saigon〉 등 세계 4대 뮤지컬을 모두 한 시기에 탄생시켰다. 그는 영국인이면서도 끊임없이 미국을 소재로 미국 시장을 노렸으며, 〈미스 사이공〉에서는 실물 크기의 헬리콥터를 등장시키는 등 뮤지컬 본연의 요소인 볼거리를 강조하는 데 과감한 투자를 아끼지 않았다. 작곡자 앤드류 로이드 웨버는 1970년대와 1980년대 〈지저스 크라이스트 슈퍼스타Jesus Christ Superstar〉, 〈요셉 어메이징Joseph and the Amazing Technicolor Dreamcoat〉, 〈에비타Evita〉, 〈오페라의 유령〉, 〈캣츠〉, 〈스타라이트 익스프레스Starlight Express〉 등 훌륭한 작품 속 수많은 히트곡들을 만들어냈다. 카메론 매킨토시와 앤드류 로이드 웨버가 합작해 탄생시킨 〈오페라의 유령〉은 뮤지컬계에 존재하는 모든 기록을 수립한 명실상부 뮤지컬의 왕으로, 1986년 브로드웨이 초연 이래 단 한 번도 쉬지 않고 관객들의 사랑을 받아가며 그 명성을 이어가고 있다. 이들을 비롯해 능력 있는 많은 제작자와 기획자들의 역량을 바탕으로 한 영국 뮤지컬의 거듭된 흥행은 영국 극장가인 웨스트엔드를 뮤지컬의 거리로 만들었다.

1990년대는 뮤지컬계의 산업적 기반을 공고히 다진 성장기로 간주할 수 있다. 영국에서 성공을 거둔 작품들이 미국 브로드웨이로 그 무대를 옮겨 대형화되며 흥행을 이어나갔다. 브로드웨이 뮤지컬 시장의 양적, 질적 성장은 뮤지컬의 저변을 넓혀 창조적이고 거침없는 새로운 시도들이 이루어질 수 있는 기반이 되었다. 이와 같은 혁신적 공연들은 상대적으로 공연장 대관료의 부담이 적은 브로드웨이 외곽 지역에서 이루어졌으며, 이는 '오프 브로드웨이Off-Broadway'라는 신조어를 만들어내기도 했다. 이 시기, 브로드웨이의 공연인 이익집단인 브로드웨이 리그를 중심으로 브로드웨이를 재활성화하려는 움직임에 의해 디즈니의 대형 자본을 유치하게 되며 〈라이온 킹The Lion King〉, 〈미녀와 야수Beauty and the Beast〉 등 가족 단위 관객을 타깃으로 한 디즈니 뮤지컬이 브로드웨이에 입성하게 되었다.

2000년대 이후에는 기술융합의 흐름으로 인해 홀로그램, 플라잉 등 첨단 로봇 기술 및 각종 멀티미디어 기술이 뮤지컬에 접목되며 뮤지컬 산업이 2차 성장을 이어나갔다. 〈스파이더맨〉이나 〈고스트Ghost〉 등 이전에 볼 수 없었던 다양한 기술들이 뮤지컬 작품에 활용되었으며, 이러한 흐름과 함께 Hudson, PRG, FOY, Stage Technologies, TAIT 등 무대디자인 및 공연 기술 전문 기업이 생겨나게 되었다.•

뮤지컬 산업의 고도화와 함께 무대를 연출하는 제작진과 무대를 관람하는 관객들 모두의 욕구를 충족시키기 위한 각종 공연 기술이 발달했다.

대도구 이동을 비롯한 오브젝트 테크놀로지Object Technology의 경우, 뮤지컬 초창기인 70년대에는 조연출 등 무대 뒤의 스태프들이 직접 무대 위에서 세트를 이동, 회전시켰다. 80년대에는 기계식 장치가 도입되어 80년대 중반 버튼식 자동화가 가능해졌으며, 2000년대 통합 콘솔이 개발되며 여러 개의 대도구를 한자리에서 원하는 방향, 원하는 속도로 이동시킬 수 있게 되었다.

•출처 : 정재왈, 『뮤지컬을 꿈꾸다』, 손정섭, 『뮤지컬 oh! 뮤지컬』.

무대 바닥을 움직이는 스테이지 테크놀로지Stage Technology는 공연 전체의 구조를 변형시키며 효과적인 연출 기법으로 활용되는데, 예를 들어 〈라이온 킹〉이나 〈반지의 제왕The Lord of the Rings〉 등의 작품에서는 공연장 바닥이 움직이며 무대 전체의 구조가 변화하는 기술이 사용된다. 과거 이와 같은 기술들이 생겨나기 전에는 유사한 표현 효과를 누리기 위해 다른 특수효과를 대신 활용하여 무대 바닥이 변화하는 듯한 눈속임을 활용했는데, 2000년대 초반 원격 무대 제어 기술이 개발된 이후에는 실제로 무대 바닥이 자동으로 움직이게 되었다. 이는 표현의 범위를 확장시키는 것을 넘어 새로운 상상과 시도의 기반이 되었다.

〈메리 포핀스Mary Poppins〉, 〈스파이더맨〉, 〈타잔Tarzan〉, 〈프리실라〉 등에서는 주인공이 특정한 기구에 몸을 단단히 고정하고 공중에 떠 있거나 무대 위를 날아다니는 플라잉 테크놀로지Flying Technology가 사용되는데, 이런 기술들이 생겨나기 전에는 이와 비슷한 표현 효과를 나타내기 위해 무대 벽면과 유사한 색상의 사다리 혹은 발 받침대 위에 주인공이 위치하고 조명을 활용해 관객의 시선을 분산시켜 마치 주인공이 공중에 떠 있는 듯한 효과를 표현했다. 2000년대 이후부터는 플라잉 기술이 안정화, 자동화되어 주인공이 공중에 떠 있을 뿐 아니라 공중에서 자유롭게 몸을 움직이며 연기할 수 있게 되었다.

무대 배경을 구현하기 위해 80년대까지는 사람이 직접 페인트로 칠해 만든 고정식의 나무 보드를 활용했으나, 90년대 이후 영상 기술 및 조명 기술이 발달하며 프로젝션이나 LED 패널을 사용하게 되었다.

프로젝션의 경우 넓은 공간을 부드럽고 자연스러운 색감으로 표현할 수 있다는 장점이 있으며, LED의 경우 화려하고 밝은 빛 발산을 통해 확실한 효과를 누릴 수 있다는 장점이 있다. 2000년대 후반에는 객체의 움직임을 센싱해 추적하는 기술이 도입되어 〈고스트〉 등에 활용되었다.

무대 위에서 표현의 영역을 확장시키기 위한 기술의 개발과 더불어, 공연장 대관료의 부담을 줄이기 위해 셋업 시간을 단축시키려는 노력들도 계속되고 있다. 〈레 미제라블〉의 경우 한국에서 공연한 버전은 회전 무대 구현 시 자동화의 비중을 늘려 셋업 시간을 2주에서 1주로 줄이기도 했다. 이를 비롯해 무대 장치를 모듈화하여 조립이 가능하도록 함으로써, 원재료를 가져다 처음부터 제작하는 것과 비교해 셋업 시간을 확실히 줄이는 방법도 널리 활용되고 있다.

기술융합 기반 대형 뮤지컬 작품은 그 제작 투자 규모가 큰 만큼 대규모의 관객몰이를 하며 공연 시장에서 수익을 창출한다. 영상 및 방송 콘텐츠에서 보이는 화려한 특수효과에 익숙한 관객들에게 무대의 아날로그적 감동과 기술융합을 통한 강력한 볼거리를 제공함으로써, 디지털 시대에도 지속적인 성장세를 달성할 수 있을 것으로 보인다. 우리나라 공연 시장에서도 기술융합을 활용한 해외 라이선스 공연들이 큰 인기를 끌며 상업 공연 시장의 성장을 견인하고 있다. 세계를 겨냥한 공연 콘텐츠로서 우리의 공연 작품에도 대규모 볼거리를 구현할 수 있는 다양한 공연 기술의 개발 및 적용이 기대된다.

개요	무대 장치, 무대 구성품 등 컨트롤이 가능한 무대를 구성해 장면의 전환에 따라 무대의 표현 효과를 극대화하는 기술이다. 자동화 기술을 도입하면 무대 조정의 타이밍이나 무대의 이동 각도 및 속도 등을 컨트롤해 무대 제어의 정확성 및 안정성을 향상시킴으로써 장면과 장면 사이의 전환을 부드럽게 넘어갈 수 있도록 만드는 등 무대의 극적 요소를 증대시킬 수 있다. 오케스트라 피트는 유압식 장치를 쓰는 경우도 있는데, 무대 연단 스테이지 리프트에는 일반적으로 윈치 모터를 많이 사용한다.
활용	장면의 전환에 따라 무대 형태를 변형하거나 무대 장치의 이동 등을 통해 공간적 제약을 뛰어넘어 보다 많은 장면의 전환과 신속한 전환을 할 수 있도록 한다. 공간을 융기시켜 산이나 언덕 등을 표현하는 것이 일반적이다.
과거	대도구를 이동해 계단이나 바위 등을 표현했으며, 대개는 뒷배경이나 조명 변화 등을 통해 장면과 공간이 전환되었음을 암묵적으로 제시했다.
현재 수준	자동화 시스템을 도입해 정해진 타이밍에 정해진 위치, 정해진 속도로 무대를 변형시킬 수 있다. 무대의 일부가 상하로 움직이면서 평면적인 무대에 입체감을 주는 것이 일반적이며, 경우에 따라서는 회전하거나 전후로 움직여 관객석까지 진출해 무대의 극적 긴장감을 높이기도 한다.
고려 사항	무대 장치나 무대 구성품 간의 연결이 끊임없이 부드럽게 동작하며 서로 간섭이 발생하지 않도록 치밀한 공간 설계, 공간적 간섭이 발생하지 않도록 하기 위한 시간 설정, 그리고 안정성 테스트를 통한 신뢰도를 확보해야 한다.
개념도	그림 출처 : Rexroth Bosch Group

오케스트라 강단 Orchestra rostrums
공연 중에는 스테이지보다 낮은 높이인 오케스트라 피트에 위치하고 있지만, 필요 시 무대 높이와 같게 올려 다양한 용도로 활용할 수 있다.

무대 연단
Stage podiums
주로 윈치 모터를 사용하여 각 무대 연단을 아래위로 움직여서 어떤 풍경이든 시뮬레이션할 수 있다. 또한 연단의 개별 제어가 있는 경우, 비탈진 무대 조성도 가능하다.

리깅Rigging
장면 변화가 있을 때마다 승강장치(hoists)는 배경 막 및 다른 세트가 신속하게 스테이지에 배치되고 제거될 수 있도록 도와준다.

플랫폼Platforms
빠른 장면 전환을 위해 한 장면을 위한 세트가 한 플랫폼 위에 위치하고 있으며 위아래로 움직여 제어할 수 있다.

스테이지 컨트롤
Stage controls
무대 위 기계 장치의 제어는 자동화 시스템을 통해 일괄적으로 통제되거나, 컨트롤 박스 내의 조작을 통해 이루어진다.

턴테이블Turntables
많은 공연에서 활용되는 턴테이블은 장착 세트를 회전시켜 장면을 전환하는 데에 유용하다. 안전을 위해 회전 시 충격이 없도록 한다.

관련 사진		
	라스베이거스 쇼에서 활용되는 주문제작 스테이지 리프트	모스크바 볼쇼이 극장Bolshoi Theater 무대 하부

기 계 기 술 2
–

플라잉
테크놀로지

개요	천장의 기구를 배우 또는 오브젝트에 연결해 공중에 위치시키거나 공중에서 이동하며 무대 상부를 날아다니게 하는 기술로, 무대 구성에 역동적인 공간 효과와 속도감을 제공한다. 배우나 오브젝트의 공간 활용 범위가 확대되고 속도감이 증가해 관객에게 다양한 시공간적 자극을 제공할 수 있다. 공중에 위치시키는 대상에 대한 이해, 안정적인 결착 및 속도, 궤적에 대한 고려가 필요하다는 점에서 일반적인 대도구나 배우의 이동과는 구분해 이해한다.
활용	절대적 존재 혹은 특수한 능력을 가진 존재의 등장을 표현하거나 시놉시스상 날아다니는 장면을 표현하는 경우 활용된다.
과거	배우 및 오브젝트를 공중에 위치시키려면 대상을 단단히 결속한 후 무대 뒤에서 도르래 등을 이용해 사람의 힘으로 끌어올려야 했다. 공중에서의 이동을 위해서는 배우가 직접 서커스나 아크로바트 등을 훈련하거나, 공중에서의 장면임을 관객과 암묵적으로 합의해 표현하는 것이 대부분이었다.
현재 수준	단순히 공중에 위치시키는 것은 배우 및 오브젝트와의 단단한 결속을 통해 안정적으로 구현할 수 있으나, 프로그래밍을 활용해 공중에서 이동하거나 빠른 속도로 날아다니게 하는 기술의 경우 다회의 철저한 기술 검증 및 리허설이 필요하다.
고려 사항	로봇 제어에 기본적으로 사용되는 기술과 직접적인 관련성을 갖는 것으로, 극의 효과를 극대화하기 위해서는 시공간적 제어 기술과 배우 등 극중 요소와의 최적화된 구성과 제어가 요구되므로 장기적 투자를 필요로 한다. 또한 무게감 있는 오브젝트 및 배우를 공중에 위치시킬 경우 무대 위 배우 및 관객을 향해 낙하할 위험성이 존재하므로 철저한 안전 점검이 반드시 선행되어야 한다.

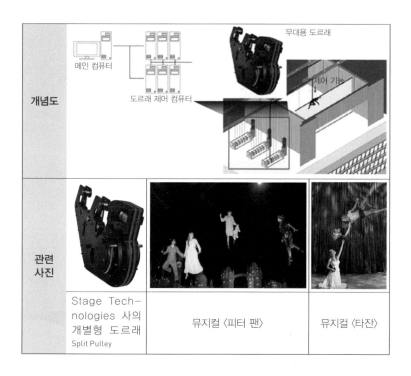

개념도	메인 컴퓨터 도르래 제어 컴퓨터 무대용 도르래 제어 기능
관련 사진	Stage Tech- nologies 사의 개별형 도르래 Split Pulley / 뮤지컬 〈피터 팬〉 / 뮤지컬 〈타잔〉

기 계 기 술 3

－

오브젝트 컨트롤
테크놀로지

개요	제어 콘솔을 활용해 등장인물이 들고 움직일 필요가 없는 대형 무대장치나 무대기구(대도구)를 통합적으로 제어함으로써 원하는 위치에 원하는 속도와 방향으로 이동시키거나 회전시켜 장면에 걸맞도록 재구성하는 기술을 의미한다.
활용	무대를 구성하는 대형 무대장치나 무대기구의 경우 무대를 구성하고 시나리오를 이끌어가는 주요한 매개체가 되는데, 이러한 장치들의 앞, 뒷면을 다른 모습으로 제작한 후 이동시키거나 회전시키면 하나의 장치로 두 가지 이상의 효과를 누릴 수 있고, 장치 세팅에 소요되는 시간 또한 단축되므로 제한된 공간과 자원을 효율적으로 활용하는 데 도움이 된다.

뮤지컬, 기술과 함께 가다

활용	자동화 시스템을 도입하여 대도구를 컨트롤하게 되면 각 장면에 맞는 위치와 타이밍에 대도구를 정확히 이동시킬 수 있다. 실제 공연장에서는 프로그래밍해둔 명령 신호대로 따로 조작하게 되며, 컨트롤되고 있는 모습이 컨트롤러 모니터상에 출력되기 때문에 실시간 관리가 가능하다.
과거	대도구를 컨트롤하는 기술이 없던 과거에는 건물, 수목, 암석 등을 그린 배경판이나 장치 등을 제작해 막이 바뀌거나 암전될 때마다 무대 스태프들이 직접 옮겼다.
현재 수준	무대 설치미술, 무대 벽면, 조명 기기 등의 이동을 위한 모터 장치를 설치하고 컨트롤러와 시스템을 통해 제어할 수 있다.
고려 사항	컨트롤러와 시스템으로 제어할 경우 사전 리허설을 통해 대도구를 이동할 때의 속도, 방향, 위치, 각도 등을 정확히 계측해야 한다.
개념도	
관련 사진	 스테이지 컨트롤러 / 리처드 브렛Richard Brett, 로열 오페라 하우스 컨트롤러 앞

로봇 액터 테크놀로지

개요	로봇을 직접 무대의 배우로 출연시켜 실시간 컨트롤로 배우의 동작이나 감정을 자연스럽게 표현하는 기술이다. 고속 네트워크를 활용한다면 실시간 모션 캡처를 통한 원격 조정 제어도 가능하다. 무대를 위해 특수하게 개발된 로봇을 활용하는 방안과, 기존의 휴머노이드 로봇을 실제 배우 대신 활용하는 방안이 있는데, 전자의 경우는 사람이 표현하기 힘든 형태나 크기의 오브젝트를 현실감 있게 표현하는 데 활용되고 있으며, 후자의 경우는 속도나 자연스러움 면에서 무대에 올리기에는 역부족이기 때문에 아직은 실험실 수준에서 개발되고 있다. 기계 구조물 위에 외피를 입힌 후 제어장치를 통해 움직임을 컨트롤하는 기술을 '애니메트로닉스Animatronics'라고 한다. 애니메트로닉스는 애니메이션Animation과 일렉트로닉스Electronics의 합성어로, 이미 영화, CF, 드라마 등 영상 분야뿐 아니라 테마파크를 비롯한 다양한 엔터테인먼트 분야에서 활용되고 있다. 프로젝션을 통해 가상의 물체를 구현하는 방법에 비해 보다 현실감 있고 실재감 있는 물리적 실체를 구현할 수 있다.
활용	용, 공룡, 페가수스 등 현재 존재하지 않는 생물을 표현할 때, 실제 배우나 동물이 연기하기에는 비용이 많이 들거나 위험할 때, 관객에게 실재감을 제공하기 위해 확실한 물리적 실체를 구현해야 할 때 주로 활용한다.
과거	실제 배우가 인형 탈을 쓰고 연기하거나, 목재 패널 등을 움직여 오브젝트를 구현했다.
현재 수준	기존의 휴머노이드 로봇을 무대에서 활용하는 방안의 경우, 자연스러운 표정과 제스처, 움직임을 구현하기 위해 지속적인 연구가 이루어지고 있으며 아동을 대상으로 한 무대나 실험적 무대에서 선보이고 있다. 특정 작품을 위해 애니메트로닉스 기법을 이용해 대형 퍼펫을 만드는 방안의 경우, 뮤지컬 무대에서 활발히 활용되고 있다.
고려 사항	대형 구조물의 제어는 로봇 제어 기술과 연동되는 부분이기 때문에 안정성에 대한 고려와 장기간의 투자를 필요로 한다. 또한 보다 자연스러운 극중 배우 역할을 위해서는 제어 기술의 최적화뿐 아니라 동작의 속도감을 증대시켜 무대의 자연스러운 구성요소가 될 수 있도록 장기적 관점에서 투자가 이루어져야 한다.
개념도	

관련 사진			
	일본 연극 〈사요나라〉의 안드로이드	〈태양의 서커스〉의 드론	한국 퍼포먼스 〈로봇타타와 뮤직로봇〉의 휴머노이드

영 상 기 술 1

–

프로젝션 테크놀로지

개요	프로젝터를 통해 스크린이나 벽 등 고정된 위치에 영상을 송출하는 기술이다. 커다란 벽면을 하나의 영상으로 채워야 하는 경우 화면이 흐려지는 등 원하는 결과를 표현하기 어려운 상황이 발생하는데, 이때 여러 대의 프로젝터를 통해 부분적 영상을 송출하고 각 프로젝터에서 송출된 영상 사이의 교차점을 에지 블렌딩Edge blending(교차점 처리) 기술을 통해 부드럽게 처리하여 전체적으로 자연스러운 하나의 영상이 구현될 수 있도록 한다.
활용	무대 벽면 전체에 프로젝션을 송출해 장면의 배경을 구현하는 것이 가장 일반적인 활용 방법이다. 간단한 컨트롤로 다양한 배경을 빠르고 정확히 전환할 수 있기 때문에 하나의 무대로 여러 개의 장면을 표현할 수 있다는 장점이 있다.
과거	프로젝션 기술이 없던 과거에는 원목 패널 등에 직접 그림을 그려서 장면이 바뀔 때마다 패널을 교체하는 방식으로 장면의 배경을 구현했다.
현재 수준	에지 블렌딩 기술을 통해 여러 대의 프로젝터로부터 송출된 영상 간의 교차점을 자연스럽게 처리해 커다란 화면을 빈틈없이 메울 수 있다. 또한 오토 캘리브레이션Auto Calibration(자동 왜곡 보정) 기술을 통해 평면뿐 아니라 굴곡이 있는 오브제 위에 영상을 송출해도 왜곡 없이 자연스럽게 구현할 수 있다.
고려 사항	빛의 간섭이 통제되어야 하며, 영상을 송출하는 프로젝터와 송출된 영상이 투사되는 오브제 사이에 장애물이 없어야 하므로 외부 빛 차단이나 무대 위 조도 컨트롤, 배우 및 오브제의 움직임 컨트롤 등이 요구된다.

개념도	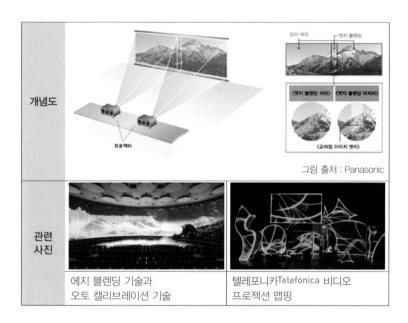 그림 출처 : Panasonic
관련 사진	에지 블렌딩 기술과 오토 캘리브레이션 기술 ／ 텔레포니카Telefonica 비디오 프로젝션 맵핑

영 상 기 술 2
－
LED 패널

개요	다양한 크기와 색상의 LED 소자를 평면 혹은 입체로 배열해 직접 빛을 송출하도록 컨트롤하는 기술이다. 밝은 색감과 화려한 색상 구현 능력이 장점이기 때문에 특징적인 장소나 오브제에 부분적으로 활용한다.
활용	화려한 무대를 구현하는 데 탁월한 능력이 있으므로 런웨이나 쇼 무대, 화려한 퍼포먼스 등을 표현할 때 부분적으로 활용한다. 송출된 빛이 투사되는 것과는 달리 직접 발광하므로, 외부의 빛 간섭 등으로부터 상대적으로 자유로우며 장애물의 영향을 받지 않는다.
과거	LED 패널을 무대에 활용하기 전에는 비슷한 효과를 누리기 위해 네온사인 등을 통해 화려함을 표현했다.
현재 수준	LED 소자 하나하나에 대한 실시간 컨트롤 및 프로그램을 통한 컨트롤이 가능하며, 빠른 전환을 통해 다양하고 화려한 색감의 화면을 즉각적으로 제공할 수 있다.

고려 사항	무대의 성격에 따라 LED 패널이 어울리지 않을 수 있으며, 지나치게 큰 면적에 사용하거나 장시간 사용할 경우 관객의 눈을 피로하게 할 수 있으므로 적절한 조절이 요구된다.
개념도	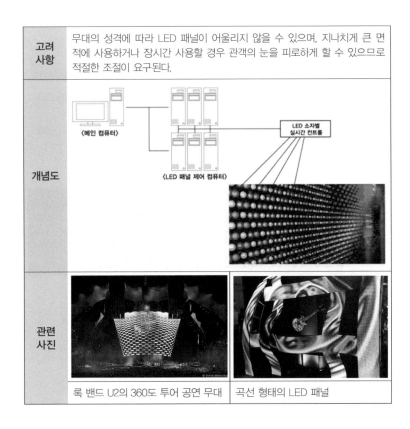
관련 사진	록 밴드 U2의 360도 투어 공연 무대 / 곡선 형태의 LED 패널

영 상 기 술 3
–
3D 홀로그램

개요	'홀로holo'란 그리스어로 '완전함, 전체'를 뜻하며, '그램gram'은 그리스어로 '정보, 메시지, 이미지' 등을 뜻한다. 즉 '홀로그램hologram'이란 어떤 대상이나 물체를 전 방향에서 감상할 수 있도록 구현한 입체 영상을 의미한다. 프로젝터와 투명한 막을 활용해 플로팅 방식의 홀로그램을 구현하거나, 여러 대의 프로젝터로 허공에 영상을 직접 투사해 360도 전 방향에서 볼 수 있는 홀로그램 입체 영상을 구현하여, 직접 설치하거나 물리적으로 표현하기 어려운 장면을 보다 현실감 있게 표현해 현실감과 몰입감을 강화하는 기술이다.

활용	극중에서 표현되는 상상이나 꿈, 환각 등의 장면이나 절대적 존재, 영혼 등 눈으로는 볼 수 있으나 직접 만질 수는 없는 대상을 표현할 때 주로 사용된다.
과거	가상 오브제 구현 기술이 없던 과거에는 관객과의 암묵적 동의가 이루어졌음을 가정하고 실제 배우나 물체를 등장시켰다. 배우나 물체에 푸른색이나 흰색의 조명을 비춰 현실 세계와 분리되어 있음을 표현하기도 했다
현재 수준	평면에 2차원 영상을 투영해 3차원의 효과를 내는 플로팅 방식의 홀로그램은 뮤지컬 공연 무대를 비롯해 콘서트, 전자제품 전시회 등에서 다양하게 활용되고 있다. 전 방향에서 관람이 가능한 리얼 3D 홀로그램 기술은 아직 연구 단계이나 가까운 시일 내에 상용화될 수 있을 것으로 전망된다.
개념도	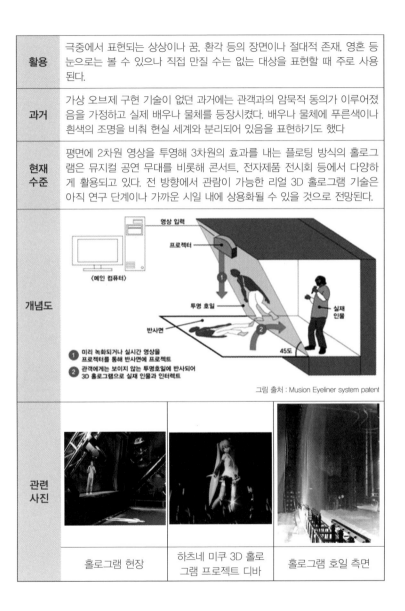 영상 입력 프로젝터 〈메인 컴퓨터〉 투명 호일 실재 인물 반사면 45도 ① 미리 녹화되거나 실시간 영상을 프로젝터를 통해 반사면에 프로젝트 ② 관객에게는 보이지 않는 투명호일에 반사되어 3D 홀로그램으로 실재 인물과 인터랙트 그림 출처 : Musion Eyeliner system patent
관련 사진	홀로그램 현장 / 하츠네 미쿠 3D 홀로그램 프로젝트 디바 / 홀로그램 호일 측면

뮤지컬, 기술과 함께 가다

영 상 기 술 4
–

인터랙티브
프로젝션

개요	인터랙티브 기술이란 사용자의 움직임, 터치, 소리, 색상 등 센싱된 입력에 의해 출력물에 변화가 일어나는 일련의 기술들을 의미하며, 뮤지컬 기술로서의 인터랙티브 프로젝션이란 대개 배우의 위치나 움직임을 인식해 프로젝터를 통해 송출되는 영상에 변화가 가해지는 기술을 뜻한다.
활용	배우의 움직임에 따라 정확한 위치와 정확한 타이밍에 일정한 효과를 주어야 할 경우 활용한다.
과거	배우의 움직임을 센싱해 입력 수단으로 활용할 수 없었던 과거에는 기술 엔지니어들이 무대와 배우들의 움직임을 주시하며 수동으로 영상을 조정했다.
현재 수준	배우에 움직임에 따라 프로젝션 영상 송출 화면을 변화시킬 수 있다. 배우의 위치를 타깃으로 설정하고 지속적으로 트래킹tracking해 원하는 화면을 송출할 수 있다.
고려 사항	대부분의 인터랙티브 기술이 그렇듯 안정성 문제가 대두된다. 센서가 잘 작동하는지, 센서가 인식할 수 있는 충분한 입력이 주어지는지, 복잡한 내부 프로그래밍이 잘 작동하는지 등 기술의 안정성을 지속적으로 점검해야 한다.
개념도	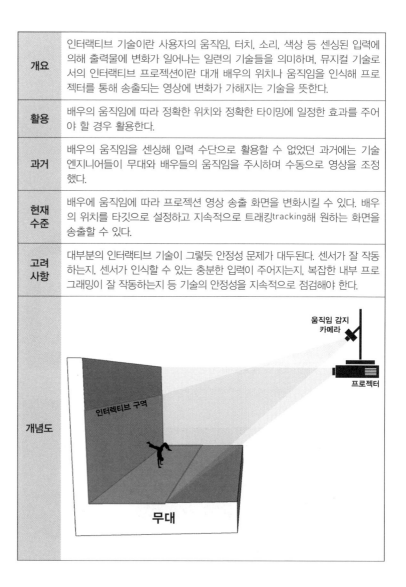

관련 사진	
	뮌헨 오페라 축제 Munich Opera Festival / 시청각 공연 〈일곱 번째 감각Seventh Sense〉

제3장
—
로봇,
뮤지컬을
만나다

TECHNOLOGY

ROBOT

CULTURE

MUSICAL

CONVERGENCE

The
PHANTOM
of the
OPERA

Directed by HAROLD PRINCE

Original Production by CAMERON MACKINTOSH and THE REALLY USEFUL GROUP

오페라의 유령

시대를 초월하는 뮤지컬의 대표작. 촛불이 밝혀진 호수 위로 유유히 떠내려가는 보트
와 아름다운 음악. 그리고 무대를 향해 떨어지는 상들리에로 강렬하게 기억되는 아름
답고 슬픈 사랑 이야기.

초연_ 1987년 영국 런던 허 마제스티스 극장Her Majesty's Theater, London, UK

기획_ 카메론 매킨토시Cameron Mackintosh, 리얼리 유즈풀 컴퍼니Really Useful Company

작곡_ 앤드류 로이드 웨버Andrew Lloyd Webber

작사_ 찰스 하트Charles Hart, 리처드 스틸고Richard Stilgoe

연출_ 해롤드 프린스Harold Prince

안무_ 질리안 린Gillian Lynn

원작_ 가스통 르루Gaston Leroux, 『오페라의 유령』

대표곡_ 〈오페라의 유령The Phantom of the Opera〉, 〈밤의 음악Music of the Night〉, 〈내가 바라는 모든 것All I Ask of You〉

차가운 광기와 불타는 집착, 그리고 가슴 아픈 사랑의 노래를 저 멀리 있는 스크린으로 지켜보는 것이 아니라 직접 내 앞에서 살아 숨 쉬듯 생생하게 관람할 수 있다면 어떨까? 그것은 지금까지의 관념을 뒤엎는 일대 변혁이었으며 새로운 문화의 태동을 알리는 신호탄이었다.

2000년도 초반 당시 뮤지컬은 일반인들이 그리 많이 접해보지 못한 생소한 장르였다. 주말에 가족이나 연인의 손을 잡고 영화나 연극을 관람해본 사람은 많아도 뮤지컬을 보러 가는 사람은 극히 드물었다. 하지만 2001년 〈오페라의 유령〉이 한국에 상륙하자 새로운 바람이 불기 시작했다. 2005년 오리지널 공연 이후에는 동명의 원작 소설이 책꽂이에

오 페 라 의 유 령

서 판매대로 옮겨졌고, 수많은 사람들이 뮤지컬에 대해 알아가기 시작했다. 〈오페라의 유령〉은 대한민국 뮤지컬의 시작이자 전 세계 뮤지컬의 왕 중의 왕이라 자신 있게 말할 수 있는 작품일 것이다. 전 세계 27개국 145개 도시에서 1억 3천만 명 이상이 〈오페라의 유령〉을 관람했으며(2011년 기준), 총 흥행 수입은 약 5조 6천억 달러에 이르고, 초연 이후 28년이 지난 오늘까지도 그 열기는 이어져 아직도 웨스트엔드와 브로드웨이 전용 극장의 좋은 좌석은 표가 없어 못 구할 정도이다. 이렇듯 훌륭하고 기발한 작품들이 매년 새롭게 선보이고 있는 뮤지컬계에서도 〈오페라의 유령〉이 차지하고 있는 왕좌는 한동안 지속될 것이라는 예측에는 이견의 여지가 없어 보인다.

〈오페라의 유령〉이 오랫동안 사랑받는 이유는 이 작품이 아름다운 노래를 통한 청각적 즐거움을 선사할뿐더러 황홀하도록 아름답고 장엄한 시각적 자극을 안겨주기 때문일 것이다. 청아한 목소리의 여주인공 크리스틴이 부르는 〈Think of Me〉, 팬텀의 애절한 감정을 숨김없이 발산하는 〈Music of the Night〉, 라울과 크리스틴의 〈All I Ask of You〉 등 아름답고 달콤한 노랫말과 풍성한 클래식 선율로 무장한 넘버들은 관객들의 귀를 사로잡아버린다.

관객들이 가장 숨죽여 기다리는 순간은 바로 1막의 마지막, 30만 개의 유리구슬로 아름답게 장식된 1톤의 샹들리에가 객석으로 떨어지는 장면일 것이다. 또한 어두운 지하 호수에서 아련하게 빛나는 촛불 사이로 팬텀의 보트가 유유히 흘러가는 모습이나 오페라 극장의 웅장함과 화려함, 사람들의 눈을 속이며 무대 여기저기에서 등장하는 팬텀의 모습 등은 관객들이 한시도 눈을 뗄 수 없게 만든다. 불타는 사랑의 집착 때문에 괴로워하고 그녀를 아프게도 만들지만, 결국 그것을 이겨내고 그녀를 놓아주는 팬텀. 동시에 어쩔 수 없이 사랑하는 연인을 떠나 보내는 아픔을 손끝으로 느껴야 했던 그의 애달픈 노래를 쫓아가다 보면, 무서운 유령은 순식간에 사라지고 하얀 가면만이 남아 있을 것이다.

특 징 1

-

'팬텀'이
남기고 간 것들

흰색 가면을 쓴 남자의 손짓으로 우리나라 뮤지컬 시장은 마술 같은 변화를 맞이하기 시작했다. 우리나라의 뮤지컬 역사가 1966년 〈살짜기 옵서예〉에서 시작되었다고는 하지만, 이후의 발전 속도나 시장 확장성이 미미했기 때문에 실제 일반인들에게는 2000년대에 들어선 후에야 뮤지컬의 존재가 알려졌다. 뮤지컬 또한 경제 논리에 따르는 산업이고 상업 예술이기에 시장의 확장 없이는 성장과 발전이 불가능하다. 〈오페라의 유령〉 이전의 우리나라 전체 공연 시장 규모는 채 900억 원에도 미치지 못했다. 이는 연극, 오페라, 발레, 뮤지컬을 모두 다 합친 개념으로, 뮤지컬 자체만으로는 불과 수백억도 되지 않던 영세 시장이었다. 한편 2001년 〈오페라의 유령〉이 전국적인 인기를 끌며 국내 뮤지컬 산업 규모는 단번에 1200억 시장으로 늘어났고 이후 엄청난 성장과 급속한 발전을 통해 연간 20% 정도의 성장률을 이어가며 현재는 3000억이 넘는 시장이 형성되었다.

우리나라에서 〈늑대와 함께 춤을Dances with Wolves〉(1990)이라는 영화가 최초로 100만 관객을 돌파한 이후에, 1993년 임권택 감독의 〈서편제〉를 필두로 100만 이상의 관객을 끌어들이는 영화들이 속속 탄생하게 되었다. 한국 영화가 100만 고지를 넘게 된 배경에는 결국 헐리우드 영화의 진출과 시장의 성장, 그리고 선진 영화기법의 도입과 모방을 통한 기술의 발전이 있었다고 할 수 있으며, 이는 오늘날 전 세계에 유례를 찾아볼 수 없는 1700만 관객 시장 형성의 초석이 되었다. 이와 마찬가지로 뮤지컬 시장 또한 해외의 무대 기술과 마케팅, 제작 노하우를 적극적으로 도입하여, 국내 뮤지컬계에 〈오페라의 유령〉, 〈캣츠〉, 〈지킬 앤 하이드〉 등 누적 관객 100만 명 이상의 작품들이 생겨나게 되었다. 이는 영화에 대입했을 때 1000만 관객에 해당하는 엄청난 규모라 할 수 있다.

흰 가면을 쓴 남자의 마법은 양적 성장과 더불어 질적 성장도 함께 이루어냈다. 〈오페라의 유령〉 이전에는 표준계약서 한 장 존재하지 않았으며, 마케팅이나 테크놀로지가 무엇인지, 무대, 조명, 의상, 안무, 연출 등 모든 분야에 대한 구체적인 개념이 부족했지만, 〈오페라의 유령〉 이후 모든 분야가 체계화되고 선진화되는 기반을 다지게 되었다. 뮤지컬 시장에 대한 산업적 인식 또한 이 시기에 이루어졌다. 모든 면에서 대전환을 맞이했으며 한국 뮤지컬 역사에 대한 전체적 시각에서 볼 때도 큰 전환점이 되었다.

오페라 하우스 지하, 별빛처럼 반짝이는 촛불 사이 어둠 속을 보트를 타고 유유히 스쳐가는 그곳은 〈오페라의 유령〉이 남긴 아름다운 명장면이다. 하지만 실제 오페라 하우스의 지하에는 촛불이 없다는 사실을 알고 있는가. 사실 그것은 지하의 그 음울한 세계를 환상적으로 표현하기 위한 연출가의 상상력이 탄생시킨 이미지였다. 얼핏 보면 간단한 촛불일 뿐이지만, 그 상상의 이미지를 테크놀로지로 구현하는 데는 상당히 복잡한 기술이 활용되었다. 촛불의 움직임이 배우들의 움직임이나 세트의 이동에 영향을 주지 않도록 하나하나 컨트롤해야 했으며, 각각의 촛대에는 개별 커버가 씌워져 있어 커버가 열리고 닫히면 그 안에서 촛불이 안테나처럼 나오는 복잡한 구조이기 때문이다. 그 수백 개의 촛불은 각각 독립적으로 컨트롤되어 음악에 맞추어 순차적으로 작동하기도 하고, 배가 지나갈 땐 해당 부분의 촛불만 무대 아래로 내려가기도 한다.

이러한 복잡한 촛불들의 움직임을 예술로 만든 것은 바로 원근법의 마술이다. 무대의 배경이 한 장의 패널로 이루어지면 단조롭고 평면적인 느낌이 들지만 유사한 배경 패널을 3개 정도 사용해 서로 간격을 두고 조절하면 동굴의 입구를 점점 넓히거나 좁혀가는 느낌을 생생히 전달할 수 있다. 동굴을 빠져나오는 장면에서도 패널 간에 간격을 두고 원근법의 입체적 사용을 통해 동굴이 매우 멀리 있는 것처럼 보이게 만들었다.

무대와 테크놀로지의 결합에 있어 단순히 테크놀로지를 적용하는 것만이 중요한 것이 아님을 알 수 있다. 〈오페라의 유령〉의 사례와 같이 테크놀로지가 원근법 등 인간의 시지각 능력과 조화를 이루도록 체계적이고 과학적인 기법을 철저히 고려하여 적용해야 사람들에게 강렬하고 아름다운 인상을 심어주고 무대의 표현 효과를 높일 수 있다

스 토 리
—

프롤로그

1905년 파리 오페라 하우스의 지하 경매장에서 노인 라울이 경매품들을 감회에 찬 눈빛으로 지켜보고 있다. 경매사가 오페라의 유령 사건을 언급하며 샹들리에의 불을 지피자 샹들리에는 순식간에 무대 위로 솟아올라 환하게 빛을 비추고 서곡이 시작되며 오페라 극장은 1880년대로 돌아간다.

ACT 1

"팬텀Phantom(유령)이 나타났어!"

오페라 단원들이 웅성대며 조용하지만 숨막히는 비명을 질렀다. 순식간에 공포가 전염되고 오페라 극장은 침묵으로 뒤덮인다. 카를로타, 공연의 소프라노 프리마돈나인 그녀 역시 유령이라는 말에 혼비백산하며 무대에 서는 것을 완강히 거부하는 바람에 공연은 난항에 빠지고, 해결책을 찾지 못한 단원들은 코러스걸에 불과한 크리스틴에게 울며 겨자 먹기로 주연을 맡겨 공연에 내보낸다. 그러나 모두의 예상을 뒤엎고

울려퍼진 그녀의 아름다운 목소리란! 완벽한 무대를 선보이고 박수갈채를 받으며 내려온 크리스틴은 그 비결을 묻는 친한 친구 맥에게 사실 돌아가신 아버지가 보내주신 '음악의 천사'에게 개인 교습을 받은 이후 이런 노래 실력을 가지게 되었다고 조심스레 털어놓는다.

크리스틴의 소꿉친구이자 오페라 하우스의 후원자인 남주인공 라울은 아름다운 목소리의 크리스틴에게 호감을 느끼게 되고, 둘은 점차 서로를 향해 싹트는 사랑을 느낀다. 하지만 이 모든 일의 뒷편, 어두운 지하에서 그들을 지켜보고 있던 팬텀은 크리스틴의 반짝이는 눈동자가 다른 이를 향하는 것을 보고 강렬한 질투심에 휩싸여 크리스틴에게 직접 찾아가 겁을 주며 위협한다. 그녀가 겁에 질려 제정신이 아닌 상태로 용서를 빌자 팬텀은 다정한 음악의 천사의 모습으로 그녀의 거울 속에 나타나 오페라 하우스의 비밀 지하세계로 그녀를 인도한다. 촛불이 점점이 빛나고 거울같이 매끄러운 호수 위로 미끄러지듯이 나아가는 나룻배는 이 세상에 없는 신비함을 보이고, 그와 함께 울려퍼지는 천사의 매혹적인 목소리는 크리스틴을 황홀경으로 몰아넣는다. 팬텀은 마성의 목소리로 선포한다. 자신이 그녀를 선택했음을, 그리고 그녀를 매혹시킬 것임을. 그의 당당하지만 음험한 선언이 끝나자마자 크리스틴과 똑같이 생긴 인형이 웨딩드레스를 입고 튀어나오고, 크리스틴은 그만 정신을 잃고 만다.

다음날 잠에서 깬 크리스틴은 작곡에 몰두하고 있는 팬텀의 뒤로 다가가 그의 가면을 벗겨버린다. 자신의 흉측한 얼굴을 들킨 팬텀은 분노하지만, 곧 슬픔에 차 자신이 정상적인 외모를 가졌더라면 그녀의 사랑을 정당한 방법으로 쟁취할 수 있었을 것이라 노래하며 그녀를 지상으로 데려다준다.

한편 팬텀은 이제 앞으로 프리마돈나는 카를로타가 아닌 크리스틴이 될 것이라 선포하고 이를 어길 시에는 무서운 보복이 있을 거라고 경고한다. 하지만 그 경고를 무시해버렸던 오페라 극장에서는 카를로타의 목소리가 두꺼비처럼 변하고 목이 매달린 시체가 무대 위로 떨어지는 등 끔찍한 재난이 발생한다. 그것을 보고 겁을 먹은 크리스틴이 라울과 함께 지붕 위로 올라가 팬텀에 대한 이야기를 털어놓자 라울은 그녀를 보호하고 끝까지 지켜줄 것을 맹세한다. 하지만 그 사랑의 선언을 듣고 있던 팬텀은 강렬한 질투에 휩싸여 분노하고, 오페라 극장의 상징인 커다랗고 아름다운 샹들리에를 바닥으로 떨어뜨린다.

ACT 2

6개월 후 모두가 즐겁게 춤추며 웃고 떠드는 오페라의 무도회에 나타난 팬텀은 자신의 새로운 오페라를 발표하며 이 작품의 주인공은 크리스틴임을 강조하고 사라진다. 라울은 많은 사람들의 반대에도 이번 기회에 팬텀을 잡자고 제안한다. 팬텀이 보내는 집착과 사랑, 그리고 라울과의 관계 속에서 혼란에 빠진 크리스틴이 아버지의 묘지를 찾아가 노래를 부르며 답을 갈구하자 팬텀이 홀연히 나타나 그녀를 매혹하며 영원한 사랑을 바칠 것을 요구한다. 그때 도착한 라울은 크리스틴의 모습을 보고 급히 달려들어 팬텀과 격렬한 싸움을 벌이고, 정신을 차린 크리스틴은 상처 입은 라울을 데리고 팬텀에게 슬픔의 눈길을 보내며 묘지에서 도망친다. 그녀에게 완전히 배신당했다 생각한 팬텀. 그는 복수를 다짐하며 그녀를 납치하는 극단적인 선택을 하고야 만다.

크리스틴을 지하 은신처로 납치한 팬텀은 그녀에게 억지로 웨딩드레스를 입게 하고 반지를 쥐여주며 광기에 휩싸여 결혼해달라고 외친다. 라울이 팬텀을 뒤쫓아 내려왔지만 팬텀은 그를 간단히 제압하고 목에 올가미를 씌운 다음 크리스틴에게 자신과 함께 살 것인지, 아니면 라울을 죽일 것인지 선택하라 강요한다.

그때 따뜻한 온기가 느껴진다. 눈물을 머금고 팬텀에게 조용히 다가가 키스한 그녀는 이제는 그가 혼자가 아니라는 사실을 조용히 말해주며 웃음짓는다. 팬텀은 난생처음 경험하는 충격에 휘청이고야 만다. 마음의 얼음을 깨부수는 대신 따뜻한 햇살로 비춘 결과일까, 팬텀은 갑자기 라울을 풀어주며 크리스틴을 데리고 올라가라 말한다. 크리스틴이 건네주는 반지를 받아든 팬텀은 그녀에게 힘없이 사랑한다고 속삭이며 금세라도 쓰러질 듯한 자신의 몸을 억지로 일으켜세운다. 맹렬히 타는 용광로와 같이 빛나던 눈동자가 금방이라도 꺼질 듯한 숯불의 희미한 빛으로 변해가는 과정을 보는 것은 끔찍하도록 가슴 아픈 일이다. 크리스틴은 그의 눈빛을 더 이상 지켜보지 못하고 울며 밖으로 뛰쳐나간다. 빛이 떠나가면 어둠이 오듯이, 그녀의 뒷모습을 지켜보는 팬텀은 크리스틴이 떠나감으로써 다시금 자신에게 찾아오는 거대한 공허를 느낀다.

팬텀은 힘없이 의자에 주저앉아 그녀가 남기고 간 웨딩드레스의 면사포를 매만지며 오열한다. 이것은 그에게 남은 마지막 햇살 조각이다. 가면을 스치고 지나갔던 따스한 온기가 아직 느껴지는 것은 그만의 착각일까. 그 따스함이 날아가버리지 않도록 잡아두겠다는 듯이 망토로 자신을 뒤덮어버린 팬텀은 자신을 잡으러 온 군중들이 그의 앞까지 도달할 때도 아무런 미동도 하지 않는다. 그들이 거친 손길로 망토를 벗겨버리지만, 의자 위에는 그의 차갑고 하얀 마스크만이 덩그러니 남아 있을 뿐이다.

기 술 적 용 사 례
―

(1) 객석을 향해 떨어지는 샹들리에 : 플라잉 테크놀로지

사랑을 받아본 적 없는 가엾은 팬텀은 크리스틴에 대한 감정을 표현할 줄 모른다. 그가 할 줄 아는 거라곤 크리스틴을 주연으로 세우기 위해 극장 관계자들에게 협박 편지를 쓰거나, 질투심에 못 이겨 화를 내고 사고를 일으키는 것밖에 없다.

여기서 객석을 향해 떨어지는 샹들리에는 단순히 1막의 끝을 알리는 이정표가 아닌, 크리스틴에 대한 팬텀의 뒤틀어진 사랑의 감정, 그리고 그 감정의 절망적인 낙하를 표현한다고도 볼 수 있다.

공연장에 따라 샹들리에가 떨어지는 방향, 위치, 속도 등은 조금씩 다르다. 라스베이거스의 'Venetian Hotel & Casino'에서 2006년부터 2012년 사이에 이루어진 공연에서 사용된 샹들리에의 경우, 영국의 공연 기술 전문회사 TAIT에서 제작을 담당했으며 총 네 개의 부품을 하나의 전체적인 부품처럼 통합 컨트롤 시스템에 의해 제어했다. 각각 두 개의 윈치로 제어되는 네 개의 케이블로 연결되어 있었으며, 총 16개의 케이블과 32개의 윈치가 샹들리에의 속도와 위치를 제어했다. 극장의 돔형 천장 윤곽을 따라 약 15미터 길이의 트랙을 총 16개 만들었는데, 이 트랙을 통해 샹들리에가 조용하고도 정확하게 떨어지도록 유도할 수 있었다. 샹들리에가 안전하게 초속 6미터로 떨어지는 드라마틱한 효과를 구현하기 위해서는 샹들리에 전체 무게의 4배를 견딜 수 있도록 견고한 윈치를 제작해야 하는데, 안전한 윈치를 사용하게 되면 4개 중

샹들리에 이동용 극장 천장부의 트랙과 네 개로 분리되는 샹들리에 부품.

3개의 윈치나 케이블이 작동되지 않는 불의의 상황에서도 샹들리에를 안전하게 제어할 수 있다.

2012년 영국 로얄 알버트 홀에서 열린 25주년 기념 특별 공연에서는 샹들리에를 무대 아래로 떨어뜨리는 대신, 천장에 고정시키고 전구가 터지는 듯한 효과를 구현하여 1막을 인상적으로 마무리 지은 바 있다.

(2) 팬텀의 지하 정원 : 오브젝트 테크놀로지 및 스테이지 테크놀로지

모두가 두려워하는 존재인 팬텀은 공포스러운 이미지이지만 사실 세상 어느 곳보다 화려하고 아름다운 곳에 살고 있다. 극중에서 팬텀이 살고 있는 극장은 프랑스 파리 중심가에 위치한 오페라 하우스를 배경으로 하는데, 공연장 전체가 정교한 대리석 조각상과 형형색색의 장식들, 화가 샤갈이 그린 천장화, 우아하고 웅장한 계단, 황금빛의 객석과 눈부신 샹들리에, 그리고 대형 그림으로 장식되어 있어 유럽의 어느 궁전과 비교해도 손색이 없을 정도의 화려함을 자랑한다.

이렇듯 아름다운 오페라 하우스의 지하는 실제로 걸어 다니다가 길을 잃을 수 있을 정도로 매우 복잡한 구조로 이루어져 있다. 프로이센-프랑스 전쟁 이후 득세한 파리 코뮌(사회당의 원류로 평가됨)이 프로이센과 결탁한 정부군에 의해 붕괴될 당시 유혈이 낭자했던 도로 위를 피해 상대적으로 안전한 지하도를 통해 도망치며 사방으로 땅굴을 개척했고, 그 과정에서 웅덩이나 호수와 같은 지형이 생성되었다는 이야기도 있다. 오페라 하우스 지하에 위치한 팬텀의 작업실은 지하 비밀 통로를

지나고 호수를 건너야 나오는데, 이는 작가의 상상력이 역사적 사실에 입각해 발휘된 결과물이라고 볼 수 있을 것이다.

극중 크리스틴을 태운 배가 촛불이 켜진 호숫가를 유유히 지나며 등장하는 1막의 중간 장면은 〈오페라의 유령〉을 대표하는 아름다운 장면 중 하나이다. 무대 아래 숨겨져 있던 촛대가 무대 위로 서서히 모습을 드러내거나, 물도 없는 호수 위로 보트가 미끄러지듯 떠내려가는 효과를 구현하기 위해 정교한 기계 기술을 활용했다. 초연 당시에는 인력을 통해 구동했으나 근래에는 대개 원격조종을 통해 무대 세팅을 컨트롤하고 무대 위에 구현된 레일 위로 배가 지나가도록 하여 실제로 지하 세계의 아름다운 궁전으로 향하는 듯한 효과를 표현했다.

(3) 팬텀의 등장과 극중극, 무대 위의 관객석 : LED 패널

오페라의 유령 25주년을 맞아 영국 로얄 알버트 홀에서 개최된 특별 무대에서는, 무대 위에 거대한 규모의 LED 패널을 설치해 다양한 무대 효과를 구현했다.

1막 초반, 목소리로만 존재하던 팬텀이 처음으로 크리스틴의 눈앞에 등장할 때, 기존의 무대에서는 거울이나 조명, 연기 등을 활용해 팬텀의 등장을 표현했으나, 25주년 특별 무대에서는 대형 LED판에 크리스틴의 모습을 실시간으로 투사하고 해당 영상 위에 팬텀의 모습을 덧입혀 마치 거울 안에서 팬텀이 등장한 듯한 효과를 보였다. 이후 거울이 열리며 실제 살아 있는 팬텀이 직접 등장해 드라마틱한 효과를 극대화했다.

한편 〈오페라의 유령〉 작품 안에는 극중극의 형태로 총 3개의 짧은

로마와 전쟁하는 이집트를 배경으로 한 오페라 〈한니발〉을 표현한 LED 배경 패널.

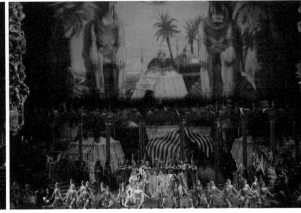

카를로타의 대역으로 〈한니발〉의 주연이 된 크리스틴이 성공적으로 무대를 마치고 관객에게 인사하는 장면에서 무대 뒤쪽의 LED 패널 전면이 관객석으로 변하며 마치 관객이 무대를 중심으로 360도 둘러싸고 있는 듯한 착시효과를 효과적으로 유발했다.

2막의 첫 장면 가면무도회의 배경으로 LED 패널을 활용해 등장인물들의 화려한 가면무도회 의상과 잘 어우러지도록 무대 전체를 구성했다.

2막 중반 극중극 〈일 무토〉의 배경을 보여주기 위해 귀족 저택의 내부와 숲 속의 모습을 LED 패널로 표현했다.

로봇, 뮤지컬을 만나다

오페라(〈한니발〉, 〈일 무토〉, 〈승리자 돈 주앙〉)가 등장하는데, 각 오페라는
서로 다른 배경과 내용을 다루고 있기 때문에 세 편의 오페라 형식에
걸맞도록 배우들의 의상과 무대 배경이 일사불란하게 바뀌는 것 또한
훌륭한 볼거리이다. LED 패널은 무대 뒤편 전체를 감싸도록 배치되었는
데, 여러 대의 대형 패널을 종합적으로 컨트롤해 오페라 하우스 내에서
이루어지는 다양한 공연의 배경으로 활용했다.

이외에 크리스틴 아버지의 무덤 앞, 라울과 크리스틴이 사랑을 약속
하는 오페라 하우스의 옥상 등을 표현할 때에도 전면 LED 패널을 적극
적으로 활용했다.

이처럼 25주년 기념공연에서는 LED 패널을 다양하고 창의적인 방법

크리스틴 아버지의 무덤 장면.　파리 오페라 하우스 옥상 장면.

팬텀의 작업실로 향하는 지하 호수 장면에서 기존에는 무대 바닥에서 등장하던 촛대를 25주년
기념공연에서는 LED를 활용해 표현했다.

으로 활용했다. 〈오페라의 유령〉은 무대 위에 등장하는 인물 수가 많고 인물들의 의상 및 안무가 화려하며, 장면 전환이 빠르고 급격하게 이루어진다는 특징이 있다. 따라서 각각의 장면에 대한 배경을 실제로 구현하기에는 비용과 시간, 공간 활용 면에서 효율이 떨어지고, 프로젝션으로 구현할 경우 배우들의 움직임에 의해 그림자가 생기거나 빛의 간섭을 받게 될 가능성이 있다. 그런 점에서 LED 패널로 배경을 표현하기로 한 것은 매우 효과적인 선택이었다고 볼 수 있다.

한편 거의 대부분의 장면을 LED 패널로 표현했기 때문에 관객 입장에서는 식상함을 느낄 우려도 있었다. 특히 크리스틴과 팬텀이 탄 배가 호숫가의 촛대 사이를 미끄러지듯 지나가는 상징적 장면에서 실제 촛대가 아닌 LED 패널 촛대 영상으로 대체되는 바람에, 배가 촛대 사이를 지나간다는 느낌이 줄어들고 촛대는 입체적 소재가 아닌 평면적 배경이 되어 뒤로 물러나게 되었다.

마이크로칩의 기술 발전에 있어 그 저장 용량이 18개월마다 2배씩 증가한다는 무어의 법칙이나, 광섬유의 대역폭이 12개월마다 3배씩 증가한다는 길더의 법칙을 굳이 예로 들지 않더라도, 우리 삶은 하루가 다르게 변화하고 있으며 그 중심에는 첨단 기술의 성장이 있다. 의식주에 대한 욕구가 충족된 이후 사회적 욕구와 예술적 욕구가 생겨나듯, 기술 또한 인간 삶의 편의를 충족시키며 이제는 마침내 예술과의 융합을 추구해나가고 있다.

얼마 전까지만 해도 예술과 기술을 융합했다는 그 자체만으로도 사

관객석 위로 걸쳐진 철제 구조물 위를 다급히 뛰어가는 팬텀과 크리스틴.

람들의 이목을 집중시킬 수 있었지만, 기술의 적용이 반드시 만족도 상승을 의미하는 것은 아니며, 이제는 "얼마나 좋은 기술을 활용했느냐"보다는 "기술을 얼마나 잘 활용했느냐"가 성공적 융합의 관건이다. 첨단 기술이 공연에 적절하게 활용되어 표현력과 감정, 상황 전달력은 높이되, 무대의 현장성, 배우들의 인간적 체취와 같은 근본적인 속성을 해치지는 않도록 적정선을 찾아야 한다.

팬텀의 상징, 아름다운 촛불이 비추는 고요한 호수 장면만은 기존의 방식을 고수하는 편이 좋았을 것 같다는 생각이다.

(4) 팬텀의 작업실로 향하는 지하 통로 : 스테이지 테크놀로지

25주년 기념공연에서 팬텀이 크리스틴을 이끌고 지하 통로로 가는 장면 및 라울이 군중을 이끌고 크리스틴을 구하러 팬텀의 작업실로 향하는 장면에서는, 무대를 구성하는 대형 철제 구조물을 상하로 천천히 움직이고 배우들이 구조물 위를 좌우로 지나가게 해서 마치 좁고 어두운 지하 통로를 다급히 이동하는 듯한 효과를 구현했다.

기존의 무대에서는 이 장면을 생략하거나 배우들이 무대 옆에서 등장하게 하는 방식으로 처리했는데, 팬텀과 크리스틴의 이동 동선을 관객석으로 끌어들이고, 무게감 있는 거대한 철제 다리를 지나가는 듯 현실감 있게 표현함으로써, 결과적으로 표현력과 상황 전달력, 현장성이 고루 충족되는 매우 효과적인 무대를 구현했다고 평가할 수 있다.

미스사이공

베트남 전쟁이 만들어낸 밤의 불빛으로 인해 사랑에 빠지지만 높은 철창과 헬리콥터를

사이에 두고 헤어지게 되는 미군 장교 크리스와 베트남 소녀 킴의 애절한 사랑 이야기.

초연_ 1989년 영국 런던 로열 드루리 레인 극장Royal Drury Lane Theater, London, UK

기획_ 카메론 매킨토시Cameron Mackintosh

작곡_ 클로드 미셸 숀베르크Claude-Michel Schönberg

작사_ 알랑 부블리Alain Boublil, 리처드 몰트비 주니어Richard Maltby Jr.

연출_ 니콜라스 하이트너Nicholas Hytner

무대 디자인_ 존 네이피어John Napier

대표곡_ 〈난 아직 믿어요! Still Believe〉, 〈내 마음속의 영화Movie in My Mind〉, 〈이 세상 마지막 밤Last Night of the World〉, 〈아메리칸 드림 American Dream〉

전쟁의 상처는 우리로 하여금 많은 것들을 잊을 수밖에 없게 만든다. 고향에서 불어오는 바람 냄새와 매일 아침 올려다보는 집 천장의 무늬, 학교와 일터로 향하는 희망찬 발걸음…… 하지만 그 무엇보다 우리의 가슴을 찢어지게 하는 것은 사랑하는 사람을 멀리 떠나보내며 그들이 보내는 마지막 눈빛을 가슴에 담는 것이다. 이는 우리의 채 아물지 않은 상처를 다시금 떠올리게 만든다. 3년간 지속된 한국전쟁은 사랑하는 가족과 연인을 남북의 끝으로 갈라서게 만들고, 그리고 더 멀리 하늘나라로 떠나 보내게 만들었다. 그 안타까운 역사적 사실과 기억들은 현대에 들어와서 책과 연극, TV 프로그램과 영화 등으로 각색됨으로써 과거

를 돌아보고 그들의 아픔을 조금이나마 느껴볼 수 있도록 만들어준다.

우리와 같은 상처를 지니고 있는 나라를 배경으로 삼은 작품이 바로 〈미스 사이공〉이다. 1956년부터 약 20년 동안 지속된 베트남 전쟁은 수많은 비극적인 스토리들을 만들어냈고, 그중에서 나온 한 장의 사진이 바로 이 작품의 원천이 된다. 이 작품의 제작진인 작곡가 클로드 미셸 쇤베르크와 작사가 알랑 부블리는 베트남 전쟁이 끝난 직후 사이공 공항에서, 베트남전에 참전했던 미군 아버지에게 가기 위해 어머니와 헤어져야만 하는 현실을 부정하며 처절하게 우는 혼혈인 딸과, 그런 딸의 모습을 흔들림을 애써 감추며 담담하게 바라보는 베트남인 어머니의 모습을 담은 사진을 보고 큰 충격과 감명을 받는다.

어쩌면 일생 동안 다시는 보지 못할 자식을 눈앞에 둔 부모의 심정이 어찌 편할 수 있을까? 당장이라도 딸을 끌어안고 싶은 마음과 미래를 위해 어쩔 수 없이 딸을 보내야만 하는 현실이 뒤섞여 짓는 담담한 표정은 지켜보는 모두의 가슴을 강하게 울린다. 그 표정 뒤에 가려진 그녀의 과거 행적과 마음의 목소리를 상상하며 〈미스 사이공〉은 만들어졌다.

뮤지컬 〈미스 사이공〉의 무대는 전쟁의 혼돈 속에서 더욱 적나라하게 드러나는 인간 군상을 다양한 방법으로 표현한다. 작품의 상징과도 같은 헬리콥터 장면을 비롯하여 전쟁 속에서 인간이 느끼는 여러 감정과 선택의 결과물들이 다양한 표현 기법을 통해 무대 위에서 펼쳐진다. 이러한 장면들은 처절한 여인 '킴'의 노랫소리와 맞물려 작품의 생명을 활짝 피어오르게 만든다.

성공하는 뮤지컬에는 뇌리에 깊이 남는 단 하나의 장면이 있다.

〈미스 사이공〉의 하이라이트는 미 대사관에서의 헬리콥터 탈출 장면이다. 헬리콥터 장면은 〈미스 사이공〉이라는 작품에 강렬한 인상을 남겼을 뿐 아니라, 이 장면의 스테이지 디자이너인 존 네이피어의 대표작으로 남기도 했다. 뿐만 아니라 미국의 부의 상징인 캐딜락 또한 매우 완벽하게 구현되었다. 무대에 오르는 대도구들은 실제보다 축소시켜 소품화하는 것이 일반적이지만, 〈미스 사이공〉의 경우 60년대 당시 캐딜락의 크기나 형태 등을 매우 현실적으로 구현했다. 이처럼 장면마다 필요한 대도구들을 잘 활용해 극적 효과를 높인 것으로 평가된다.

존 네이피어는 영국의 무대 디자이너로, 〈미스 사이공〉의 헬리콥터와 더불어 〈레 미제라블〉의 바리케이드, 〈캣츠〉의 쓰레기 더미, 그리고 〈스타라이트 익스프레스〉의 원형 기차레일 구조물 등 뮤지컬 역사에 길이 남는 작품 및 작품의 상징적 무대를 고안해냈다. 그의 무대는 전통적인 무대 디자인을 기반으로 실물을 그대로 옮겨온 듯한 섬세함과 화려한 연출이 특징이다.

뮤지컬은 음악과 스토리가 주가 되는 공연 형식이라고 생각할 수 있지만, 몸이 천 냥이면 눈이 구백 냥이라는 옛말이 있듯 인간이 가장 많은 정보를 흡수하는 인지 수단은 바로 시각이다. 따라서 뮤지컬의 작품성과 성공을 위해서는 무대 디자인이나 조명 등 시각적 요소에 대한 고려도 매우 중요하다. 이런 점에서 이토록 유명한 작품들의 상징적인 무대 요소를 창조해낸 존 네이피어는 뮤지컬 무대 디자인 역사에서 빼놓을 수 없는 핵심 인물이다. 〈에쿠스Equus〉로 데뷔하여 활발한 활동의 결과로 뮤지컬 〈리어 왕〉, 〈로엔그린〉 등으로 로렌스 올리버 어워드 베스트 세트 디자인 상을 수상했으며 〈캣츠〉, 〈스타라이트 익스프레스〉, 〈레 미제라블〉, 〈선셋 불러바드〉 등으로 토니 상을, 이외에도 공신력 있는 다양한 시상식에서 훌륭한 세트 디자인으로 수상한 바 있다. 이는 존 네이피어가 1980년대와 1990년대 영국 뮤지컬의 전 세계적인 흥행을 주도한 장본인이었음을 증명한다.

카메론 매킨토시가 가장 성공한 제작자라면, 존 네이피어는 브로드웨이와 웨스트엔드를 통틀어 가장 성공한 무대 디자이너로 평가받고 있다. 그의 무대 디자인이 과도하다고 폄하하는 이들도 있지만, 뮤지컬을 본 관객들의 머리와 가슴에 한 장의 강렬한 사진을 남겨줄 수 있는 디자이너의 존재가 뮤지컬계의 성장을 이끄는 견인차 역할을 했다는 것을 부정할 이는 없을 것이다.

스토리
－

ACT 1

1975년 4월, 17세의 전쟁 고아 킴은 포주 엔지니어의 달콤한 꾐에 빠져 드림랜드의 쇼걸이 되어 사회에 첫발을 내딛는다. 클럽에 드나드는 미국 해병들은 베트남 매춘부들과 시간을 보내는 것이 일상이지만 남자 주인공 크리스는 그러한 장면들을 보며 환멸을 느낀다. 결국 친구 존의 계속되는 권유에 못 이겨 크리스 역시 합석을 하게 되지만, 그의 옆에 앉은 킴은 순수한 영혼을 가진 따뜻한 인간이었고 그 느낌은 점차 크리스를 매료시키고야 만다.

결국 킴과 사랑에 빠져버린 크리스는 시간 가는 줄도 모르고 행복에 겨워 킴과 꿈결 같은 나날을 보낸다. 하지만 그들의 짧은 사랑에 상상할 수 없는 큰 시련이 닥쳐온다. 베트콩들이 곧 사이공을 점령한다는 소식을 들은 존은 크리스에게 하루빨리 베트남의 일을 정리하라고 경고한다. 이대로 떠날 수는 없던 크리스는 킴을 빼내어 미국으로 함께 가기 위해 존과 함께 포주 엔지니어를 만나는데, 엔지니어는 킴을 데려가는 대가로 미국 비자를 요구한다. 하지만 크리스는 그에게 권총을 들이대며 명예로운 선택을 하라고 강요한다.

결국 크리스와 킴은 미국에서의 생활을 꿈꾸며 결혼을 약속한다. 하지만 그때 어린 시절 킴의 약혼자였던 베트남 장교 투이가 킴을 찾아와 크리스와 함께 있는 그녀를 발견한다. 분노한 그는 크리스와 싸우지만 결국 킴은 크리스를 선택하고 투이는 그들을 저주하며 떠나가버린다. 크리스는 킴을 처음 만났던 날 밤에 들었던 노래에 맞춰 킴과 함께 춤을 추며 베트남을 떠날 때 반드시 그녀를 데리고 가겠노라 약속한다. 하지만 운명이 그들에게 저지른 일은 너무나 가혹할 뿐이다.

3년이 지난 1978년, 사이공에서 베트남 통일 3주년을 기리기 위한 거리 행진이 한창이다. 새로운 공산주의 정부에서 고위 간부로 승진한 투이는 예전 킴이 일했던 술집의 포주인 엔지니어를 찾아내고 그에게 킴을 찾아 자신에게 데려오라고 명령한다. 그리고 전쟁이 끝나고 크리스가 떠나간 이후에도 킴은 크리스가 언젠가는 그녀를 구출하러 올 것이라 믿으며 빈곤 지역에서 하루 하루 연명하며 숨어살고 있는 중이다. 그 와중에 미국에서 새로운 아내를 만난 크리스는 어느 날 지독한 베트남의 악몽을 꾼다. 킴의 이름을 소리치며 잠에서 깬 그는 죄책감에 휩싸이고, 아내 엘렌에게 모든 것을 털어놓은 다음 킴을 위해 할 수 있는 모든 것을 다하리라 마음먹는다.

한편 엔지니어는 마침내 킴을 찾아내 투이에게 데려간다. 하지만 킴은 여전히 투이의 구애를 거절하고 크리스와의 사이에서 낳은 아들 탐을 보여준다. 투이는 배신감에 휩싸여 그녀의 아들 탐을 죽여버리려 하지만, 킴은 크리스가 남겨놓고 간 총으로 투이를 쏘아 죽인 후 엔지니어의 도움을 받아 방콕으로 도망친다.

ACT 2

크리스의 친구 존은 베트남 전쟁의 사생아들의 아버지를 찾아주는 단체를 운영하고 있다. 그의 도움을 받아 크리스는 아내 엘렌과 같이 방콕으로 킴을 찾아 떠난다.

엔지니어는 태국 방콕에서 퇴폐 클럽의 매니저로 일하며 킴을 클럽의 댄서로 일하게 한다. 존은 방콕을 뒤져 결국 킴이 일하는 클럽을 찾아내고, 그녀에게 크리스가 당신을 만나기 위해 방콕에 와 있다는 사실을 말한다. 그런데 희망을 되찾아 행복에 겨워하는 킴 앞에서 존은 차마 크리스의 재혼 사실을 말하지 못한다. 킴은 아들 탐에게 두 사람을 미국으로 데려갈 아버지가 왔다는 사실을 알려주고 깊은 잠에 빠진다.

　킴은 악몽 속에서 사이공이 불타는 모습, 베트콩이 도시 안으로 행군해 들어오는 모습을 떠올린다. 도시는 혼돈에 빠지고 크리스는 급히 대사관으로 불려가면서 킴에게 자신의 총을 맡긴다. 하지만 크리스가 대사관에 들어가는 순간, 워싱턴에서는 잔여 미국인의 즉시 철수를 명하고 철문을 걸어잠그며 베트남인들의 출입을 막는다. 아무런 전조도 없는 생이별을 겪게 된 크리스와 킴은 서로를 애타게 찾지만, 천지를 울리는 포성과 총소리, 극도의 혼란 속에서 서로를 찾을 수 있는 방법은 전무하다. 크리스는 킴을 찾기 전에는 어디에도 가지 않을 거라 소리치지만, 존은 재빨리 크리스의 얼굴을 쳐서 기절시키고 마지막으로 떠나는 헬기 안에 그를 집어넣는다. 킴은 헬기 소리에 섞여나오는 크리스의 체취를 느낀다. 그리고 저 멀리 날아가는 헬기를 쳐다보며 흔들림 없는 굳건한 사랑을 다시금 맹세하며 언제까지나 그를 기다릴 것을 다짐한다.

　수년의 시간을 뛰어넘어 크리스의 얼굴을 만질 수 있으리라는 기대를 가득히 품고 찾아간 킴의 눈에 들어온 것은 한 명의 여자다. 그녀가 크리스의 부인이라는 말을 들은 킴은 충격으로 몸을 휘청이지만, 이윽고 정신을 가다듬은 다음 그녀에게 아들 탐을 미국으로 데려가달라 말한다. 하지만 엘렌은 완곡한 거절의 뜻을 내비치고, 킴은 크리스를 향한 사랑과 배신감이 뒤섞인 감정을 느끼며 호텔을 뛰쳐나온다. 자신의 얼굴을 보며 거절할 용기도 없었던 남자였나? 그녀는 이 모든 것이 크리스의 뜻이라 믿는다. 오해를 풀어줘야 할 크리스는 호텔에 엘렌만을 남겨놓고 존과 함께 킴의 클럽으로 직접 찾아간 상태였다. 그들이 돌아오자 엘렌은 크리스에게 킴이 찾아온 사실을 말하면서 크리스에게 자신과 킴 중 한 명을 선택하라 쏘아붙인다. 크리스는 엘렌을 간신히 진정시키고, 하루라도 빨리 킴을 다시 만나러 가야겠다고 마음먹는다.

크리스와 존과 엘렌이 다 함께 킴과 탐을 보러 엔지니어의 클럽으로 향한다. 희망에 가득 차 있는 사람, 혼란을 느끼는 사람, 그리고 슬퍼하는 사람들이 전부 한자리에 모인다. 킴은 클럽 바깥에 온 크리스 일행을 보고 탐에게 담담하게 너를 미국으로 데려가줄 아버지가 왔다고 일러준다. 그리고 비록 자신은 미국으로 갈 수 없지만 언제나 네 곁에서 너를 지켜줄 것이라며 쓰다듬는다. 탐이 밖으로 나가 아버지의 모습을 눈에 담을 때, 방 안에서는 한 발의 총소리가 들린다. 급히 뛰쳐 들어간 크리스는 숨을 헐떡이는 킴을 부여잡으며 대체 왜 이런 짓을 했느냐며 절규한다. 킴은 메마른 웃음을 입에 걸고 신께서 자신의 아들을 인도할 것이라고, 그리고 당신을 사랑했노라고 속삭이며 크리스의 품에서 조용히 숨을 거둔다.

기술 적용 사례
-

(1) 헬리콥터 장면 : 플라잉 테크놀로지, 오브젝트 테크놀로지, 프로젝션 테크놀로지

베트남 전쟁은 1975년 4월 30일 사이공이 함락되면서 공식적으로 종료되었다. 수도 사이공이 남베트남 민족해방전선에 의해 함락되기 전 대부분의 미군 병사들과 더불어 수많은 베트남인들은 미군 헬리콥터를 타고 대피했고, 이 과정에서 헬리콥터에 오르지 못한 많은 베트남인들은 전쟁의 현장에 그대로 남아 새로운 삶을 꾸려나가야 했다. 헬리콥터를 타고 떠나간 크리스와 남겨진 킴, 그리고 아메라시안Amerasian(미국인과 아시안 사이의 혼혈아를 뜻하는 말로, 주로 아시아로 파견된 미군 병사와 현지 아시아 여성 사이에서 태어난 아이들을 뜻함) 탐은 이러한 역사적 사실이 만들어낸 실존 인물들이다.

베트남에 있는 미군들을 수송하기 위한 헬리콥터가 등장하는 장면은 기계 장치, 프로젝션, 사운드, 바람 특수효과 등을 통합적으로 활용하여 표현함으로써 극의 긴장감과 역동성을 증가시켰다. .

공연 시작 부분에서는 입체 음향을 활용해 커다란 비행기가 관객석에서 무대 방향으로 날아가는 듯한 효과를 준 직후 평화로운 베트남의 한 마을 위로 폭격이 쏟아지는 장면이 조명과 사운드를 통해 연출된다. 그리고 2막에서는 공연 시작 때와 동일한 사운드를 활용하여 관객에게 비행물체의 등장을 암시하고, 홀로그램을 통해 그것이 무대 위쪽에서 방향을 좌우로 틀며 땅과 가까워지는 것을 표현한다. 이와 함께 특수효과로 관객석을 향해 바람이 불어오며 실제로 하늘에서 헬리콥터가 내려오는 듯한 효과가 연출된다.

마지막으로 무대가 양쪽으로 열리며 홀로그램으로 표현된 헬리콥터 크기와 동일한 실제 헬리콥터 모형이 등장하고 헬리콥터가 무대 바닥

로 봇 , 뮤 지 컬 을 만 나 다

쪽으로 살짝 내려와 크리스를 비롯한 미군들을 수송하여 다시 무대 위로 떠오른다.

 헬리콥터 사운드와 더불어 강렬한 두 개의 빛이 점차 작아지며 무대 뒤쪽으로 멀어지는 듯한 효과를 주며 헬리콥터 모형 또한 무대 막 뒤로 사라진다.

(2) 호치민의 얼굴 : 오브젝트 테크놀로지

 베트남 전쟁 종료 후 남베트남 공화국 임시혁명정부가 수도인 사이공을 점령하게 되었다. 1976년 남베트남 공화국과 베트남 민주 공화국은 통일에 합의했고 결과적으로 베트남 사회주의 공화국이 건국되었다. 북베트남의 초대 총리이자 대통령으로 베트남 독립을 위해 일생을 바친 호치민을 기념하기 위해 수도인 사이공 시의 이름을 호치민 시로 개명

했다.

2014년 새롭게 오픈하여 런던 프린스 에드워드 극장에서 공연되는
〈미스 사이공〉에서는 베트남 전쟁이 끝난 후 3주년을 기념하는 행사 장
면을 이전과는 다르게 표현한다. 군사들이 자로 잰 듯한 총검술 및 무
예를 보이고 호치민의 얼굴이 무대 뒤쪽에 거대한 조각상 형태로 장엄
하고 웅장하게 솟아오르며 등장한다. 여러 개의 대형 깃발이나 포스터
를 군사들이 들고 입장하게 했던 과거의 구현 방법과는 사뭇 달리 호치
민이라는 상징적 인물의 입체감과 존재감이 배가된 것으로 평가된다.

(3) 엔지니어의 아메리칸 드림과 캐딜락, 그리고 자유의 여신상 : 스테이 지 테크놀로지 + 오브젝트 테크놀로지 + 프로젝션 테크놀로지

엔지니어는 전쟁 가운데서도 희망을 잃지 않는, 어쩌면 가장 실질
적이고 적극적으로 현실에 대응한 인물로 평가할 수 있다. 〈미스 사이
공〉의 진정한 주인공은 엔지니어라고 말하는 사람들도 있다. 엔지니어
는 혼란의 사이공 시에서 드림랜드의 포주로 쌓은 경험을 발판 삼아 미
국에서 그 누구보다 멋지게 대형 클럽을 운영할 꿈에 부풀어 있다. 17
세 소녀 킴을 돈벌이 수단으로만 인식하던 그는 킴을 사랑하는 크리스
가 그녀를 드림랜드로부터 풀어줄 것을 요구하자 돈이 아닌 미국 비자
와 교환할 것을 제안한다. 전쟁 후 만나게 된 킴에 대한 태도 또한 놀라
울 정도로 일관적이다. 난리통에 만난 과거의 지인에게 따뜻한 마음을
베풀 법도 한데, 그는 여전히 킴을 어떻게 이용할 수 있을지 궁리할 뿐

이다. 그녀가 미국인 병사 크리스의 아들을 낳아 키우고 있다는 사실을 알게 되자마자 태도를 바꾸고 탐의 삼촌이 되어주겠다고 호언장담한다. 물론 이 또한 온정을 베푼 것이 아니라 미국 비자를 얻을 수 있는 기회로 여긴 것이지만.

그러나 〈미스 사이공〉을 본 관람객 중 엔지니어를 악역으로 생각하는 사람은 거의 없을 것이다. 엔지니어 또한 전쟁이 가져온 여러 가지 삶의 군상 중 한 단면일 뿐이다. 미국에 갈 수 있고 미국에만 가면 모든 꿈이 이루어질 것이라고 믿으며 그 누구보다 밝고 상기된 표정으로 미래를 꿈꾸는 엔지니어의 모습을 보면 일순 짠한 감정이 들기도 한다. 그의 이런 '천진한 희망'이 드러나는 넘버가 바로 〈아메리칸 드림American Dream〉이다.

원하는 것이 눈앞에 있고 돈은 쓰고 남을 정도로 있고 세상 어디에도 이런 곳은 없는 진정한 드림랜드, 아메리카를 꿈꾸며 엔지니어가 노

래하는 〈아메리칸 드림〉에서는 미국을 상징하는 자유의 여신상 두상 부분이 금속 소재로 재표현되어 무대 아래쪽에서 호치민의 얼굴이 있던 자리로 떠오른다. 과거 포스터 또는 스크린 위에 2D로 표현되었던 것과는 달리 보다 무게감 있게 표현되었으면서도, 금속 소재의 중간중간이 비어 있어 마치 허상 속의 아메리칸 드림 그 자체를 표현한 것처럼 보이기도 한다.

여신의 두상 위로는 프로젝션을 활용해 엔지니어가 소망하는, 노랫말처럼 "Smell in the air" 하는 미국 달러가 비처럼 쏟아진다. 여신 두상의 이마로, 코로, 눈 위로, 볼로 떨어진다. 꿈이 깨고 현실로 돌아오니 자유의 여신상도, 고급 승용차도, 비처럼 쏟아지던 지폐들도 한 번에 사라지는 장면을 표현하기에는 프로젝션을 활용한 영상 처리가 매우 적합한 표현 도구였다고 생각된다.

2014년은 〈미스 사이공〉이 25주년을 맞는 해이다. 〈오페라의 유령〉과 〈레 미제라블〉이 그러했듯, 영국에서는 〈미스 사이공〉을 위한 25주년 기념 갈라가 이루어졌다. 이 공연의 〈아메리칸 드림〉 장면에서 1989년 초연 이래 〈미스 사이공〉을 거쳐간 역대 엔지니어 역할 배우들이 캐딜락에 탄 채 모피를 두르고 멋진 의상을 입고 유유히 등장하는 모습은 많은 이들의 환호를 자아냈다. 못내 이룬 엔지니어의 아메리칸 드림이 〈미스 사이공〉이라는 작품의 대성공을 통해 간접적으로나마 이루어진 모습 같았다고나 할까? 무대 하단의 레일을 따라 천천히, 하지만 위풍당당하게 무대 중앙부로 진입하는 고급 승용차는 마치 지난 25

년간 완성도 높은 무대를 구현하기 위해 신중한 준비 작업과 과감한 시도를 아끼지 않아온 〈미스 사이공〉 제작진을 의미하는 것처럼 보이기도 했다.

(4) 안과 밖, 미국대사관 철창 : 스테이지 테크놀로지

사이공 함락 전 미국 정부는 헬리콥터를 보내 사이공 시내에 있던 미국인과 정부로부터 보호받지 못하는 베트남인들을 수송했다. 베트남인들은 한 명이라도 더 전쟁의 폐허 속을 탈출해 미국으로 가려고 했으나 이들을 수송할 수 있는 헬리콥터 대수에는 한계가 있었다. 결국 대

대사관 밖의 모습. 떠나가는 헬기를 바라보며 망연자실하는 베트남인들의 모습을 볼 수 있다.

대사관 안의 모습. 베트남인들이 더 이상 들어오지 못하도록 미군들이 저지하고 있다.

사관은 더 이상의 베트남인들이 들어오지 못하도록 지시했고, 〈미스 사이공〉 2막에서는 대사관 안으로 들어가려는 베트남인들과 이를 저지하려는 미군 병사들의 대치 장면이 그려진다. 대치 장면이라 하면 일반적으로 무대의 좌우를 구분하는 것이 일반적일 수 있겠으나, 〈미스 사이공〉에서는 순간적인 동선 변화로 무대 정면의 철창이 회전하여 관객들이 대사관 철창 안쪽(미군)의 상황과 철창 바깥쪽(베트남)의 상황 양측을 더욱 현실감 있게 느낄 수 있도록 표현했다.

(5) 드림랜드와 오두막 : 스테이지 테크놀로지

〈미스 사이공〉에서 헬리콥터 장면을 제외하면 기계 장치의 사용은 많지 않다. 그러나 몇 개 안 되는 무대 장치의 앞뒤를 다르게 디자인하고 조명 조절과 약간의 방향 전환만으로 하나의 장치를 드림랜드에서 킴의 집으로, 미국 대사관 건물에서 크리스의 미국 집으로 다양하게 활용할 수 있었다.

킴과 크리스가 처음으로 사랑을 나누는 장소.

같은 장소가 방향 전환에 의해 드림랜드 여성들의 아지트로 변한다.

CATS

캣츠

고양이들이 들려주는 사람들의 이야기. .

초연_ 1981년 뉴 런던 극장New London Theater, London, UK

1982년 윈터 가든 극장Winter Garden Theatre, New York, US

기획_ 카메론 매킨토시Cameron Mackintosh

작곡_ 앤드류 로이드 웨버Andrew Lloyd Webber

연출_ 트레버 넌Trevor Nunn

극본_ T. S. 엘리엇T. S. Elliot, 트레버 넌Trevor Nunn, 리처드 스틸고Richard Stilgoe

무대 디자인_ 존 네이피어John Napier

안무_ 질리안 린Gillian Lynn

원작_ T. S. 엘리엇, 『지혜로운 고양이가 되기 위한 지침서Old Possum's Book of Practical Cats』

대표곡_ 〈메모리Memory〉, 〈럼 텀 터거Rum Tum Tugger〉, 〈젤리클 고양이를 위한 젤리클 노래Jellicle Songs for Jellicle Cats〉, 〈맥캐비티, 미스터리한 고양이Macavity, the Mystery Cat〉, 〈미스터 미스토플리스Mr. Mistoffelees〉

한적한 밤에 거리를 걷다 보면 어디서인가 통통 튀는 듯한 부드러운 발걸음 소리가 들린다. 아니, 발걸음 소리라기보다는 밤바람에 맞춰 살랑거리는 꼬리의 노랫소리와 날카로운 연노랑색 눈동자의 번쩍임이 들리는 것일 수도 있겠다. 그 미묘한 느낌에 고개를 돌려보면 담벼락 위를 런웨이로, 은은한 가로등 불빛을 조명으로 삼아 한껏 맵시를 뽐내는 매끄럽고 도도한 생명체 하나가 우리를 빤히 쳐다보고 있다.

그 콧대 높아 보이는 자태에 걸맞게 고양이는 우리와 쉽사리 친해질 수 있는 친구는 아니다. 한 발자국 가까이 다가가면 어느새 덤불 사이와 담장 너머로 슬그머니 사라져버리고, 조금 친해졌다 생각하고 손을 내밀어보면 날카로운 발톱 자국을 선사해주는 이 녀석들은 왠지 밉상으로 보인다. 손등에 난 상처를 부여잡고 이게 도대체 뭐야? 라고 화나서 묻는 우리에게 젤리클 고양이들의 지도자 올드 듀트로노미는 고양이는 개와 다르기 때문에 천천히 알아가야 하고, 조금씩 배워가며 친해져야 한다고 말해준다. 그게 정말일까? 아무튼 이 한 뭉치의 알록달록한 고양이들이 이리저리 무대에서 뛰놀며 노래하는 모습을 보고 있자니 상처의 쓰라림도 차차 사라지는 듯하다. 어느새 막이 내리고 개성 넘치는 고양이들이 노랫가락을 흥얼거리며 집으로 가는 골목길, 담벼락 위에 앉아 있는 길고양이 한 마리가 눈에 띈다. 자, 이제 배운 것을 활용해볼 시간이다. 심호흡을 한 번 하고, 신중한 걸음으로 조심스럽게 다가가 슬그머니 손을 내밀어본다.

특징
-

Memory……

All alone in the moonlight,

I can dream of the old days,

Life was beautiful then……

쓸쓸한 달빛 아래서 예전 자신의 빛나는 모습을 추억하는 고양이 그리자벨라의 이 노래는 〈캣츠〉의 분위기와 주제를 더없이 잘 나타내는

앤드류 로이드 웨버의 불후의 명곡이다. 저마다 특색을 가지고 자신의 장점을 뽐냈던 수많은 고양이들의 이야기를 하나로 묶어주는 〈캣츠〉의 상징인 셈이다.

그리자벨라는 우아했던 고양이Glamor Cat였다. T. S. 엘리엇의 원작에는 없었던 캐릭터지만 뮤지컬에서는 적은 비중으로도 무대 전체를 휘감는 메인 캐릭터로 등장한다. T. S. 엘리엇이 손자 손녀를 위해 쓴 시에 그리자벨라의 이야기가 처음 등장했고, 엘리엇은 그 내용을 〈캣츠〉의 원작인 『지혜로운 고양이가 되기 위한 지침서』에 수록하고자 했으나, 그가 죽은 후 아내인 발레리 엘리엇은 어린아이들에게 그리자벨라의 이야기는 너무 큰 충격과 슬픔을 줄 것이라 판단하고 출간할 때 누락시키게 된다. 이후 발레리 엘리엇은 1980년 앤드류 로이드 웨버의 시드몬튼 페스티벌 콘서트에 참석하게 되는데, T. S. 엘리엇의 시집을 바탕으로

〈캣츠〉의 초기 넘버들을 소개했던 그곳에서 발레리는 앤드류 로이드 웨버에게 시집에 누락되었던 그리자벨라의 이야기를 소개하게 된다. 처음 의도와는 달리 작품 전체를 이끌어갈 주제가 없어 고민했던 앤드류 로이드 웨버는 연출가 트레버 넌과 상의 끝에 그리자벨라의 이야기를 〈캣츠〉 플롯의 메인 캐릭터로 포함시키기로 한다. 그리자벨라의 이야기를 읽고 무언가에 홀린 듯 큰 깨달음을 얻은 앤드류 로이드 웨버가 정신없이 써내려간 그 노래, 트레버 넌이 듣자 마자 무릎을 탁 치며 성공을 확신한 바로 그 노래가 〈메모리〉라는 것은 〈캣츠〉 팬들 사이에서 널리 알려져 있는 후일담이다. 그녀의 진심을 담은 고백은 모든 고양이들을 감동하게 만들었고, 관객들을 눈물짓게 만들었다.

스 토 리
—

ACT 1

무대 여기저기서 고양이들이 하나둘씩 나타나면서 젤리클Jellicle 고양이에 대한 노래를 부르기 시작한다. 그들이 누구인지, 그들의 목적이 무엇인지를 알려주며 자신들이 세 가지의 이름을 가지고 있으며, 첫 번째 이름은 주인들이 지어준 흔한 이름, 두 번째는 고양이들의 개성에 걸맞은 이름, 세 번째는 인간들이 모르는 고양이들만의 비밀스러운 이름이라는 것을 말해준다.

하얀 고양이 빅토리아가 젤리클 축제의 본격적인 시작을 알리는 사뿐한 몸동작을 취한다. 신나는 노래와 함께 대장 고양이 멍커스트랩이 오늘 밤 선지자 고양이 올드 듀트로노미가 고양이들의 천국인 헤비사이드 레이어로 올라가 환생하여 새로운 삶을 살 고양이를 고를 것이라 알리면서, 그 주인공이 자신이 평상시에 마음에 두고 있었던 제니애니도츠, 얼룩무늬 검비 고양이일 것 같다고 말한다. 그녀는 하루 종일 평평하고 따스한 곳에 앉아 게으름을 피우지만 밤만 되면 쥐와 바퀴벌레를 교육시키는 꼼꼼한 고양이다. 이후 변덕스럽고 호기심 많은 고양이 럼텀 터거가 등장한다. 표범 무늬 갈기를 가진 이 매력적인 고양이는 모든 암코양이들의 선망의 대상이다.

갑자기 초라하고 늙은 회색 고양이가 터덜거리며 등장한다. 우아했던 고양이 그리자벨라는 그녀의 불행한 상태와 상심한 마음을 노래하지만, 모든 고양이들은 그녀를 멀리하고 피한다. 음악이 바뀌고 온종일 자신의 클럽을 돌아다니며 지내는 부유하고 살찐 고양이 버스토퍼 존스가 등장해 자신의 이야기를 노래한다. 갑자기 노래가 끝나자 큰 굉음이 울린다. 맥캐비티의 짓일까? 고양이들은 겁을 먹는다.

새롭게 몽고제리와 럼블티저, 쌍둥이 고양이가 등장한다. 그들은 사소한 장난과 도둑질, 문제거리를 일으키며 인간 가족을 괴롭히는 고양이이다. 마지막으로 젤리클 고양이들의 지도자인 올드 듀트로노미가 등장한다. 그는 빅토리아 여왕 시대부터 아홉 명의 아내를 떠나보낸 오래된 고양이이다. 이제 그는 헤비사이드 레이어로 이동해서 환생할 새로운 고양이를 선택할 것이다. 그때 갑자기 그리자벨라가 나타나 춤을 추려 하지만 늙은 몸이 따라주지 않는다. 다른 고양이들은 그녀를 멀리하지만, 그녀가 짧은 버전의 〈메모리〉를 부르는 것을 방해하지는 못한다.

ACT 2

올드 듀트로노미가 그리자벨라를 언급하며 '무엇이 행복인지'를 노래한다. 그리자벨라의 진심이 담긴 노래를 듣고 모두의 생각이 조금씩 달라지는 중이다. 이제 한때는 잘나가는 연극배우였지만 지금은 늙어서 손이 덜덜 떨리는 고양이 아스파라거스가 등장한다. 그는 자신이 예전에 연극했던 '템스 강의 공포'를 떠올리며 전성기에 대한 그리움을 노래한다. 그리고 야간 우편열차를 담당하는 철도 고양이인 스킴블샹스가 나와 그가 하는 일을 설명하고 자신이 얼마나 필요하고 중요한 존재인지 말해준다. 이때 세 번째 큰 충돌음과 함께 사악한 악당 고양이 맥캐비티가 나타나 올드 듀트로노미를 납치한다. 멍커스트랩과 알론조는 최선을 다해 맥캐비티와 싸우지만 결국 그를 무력화시키는 것에 끝나고 자신들 역시 상처를 입고 쓰러져버린다. 이윽고 다수의 고양이들에게 밀린 맥캐비티는 번쩍이는 조명과 함께 도망치고 만다. 모두가 납치당한 올드 듀트로노미를 걱정할 때, 럼 텀 터거가 그를 되찾기 위해 마법사 고양이 미스토플리스 씨에게 도움을 청하는 것은 어떻겠느냐고 말한다. 그는 수많은 마법을 부릴 수 있는 총명한 작고 검은 고양이로 신비한 마법을 부려 올드 듀트로노미를 다시 데려온다.

돌아온 올드 듀트로노미가 환생할 고양이를 선택하려 할 때, 그리사벨라가 다시 등장한다. 그녀는 〈메모리〉를 노래하며 그녀의 어두운 모

습과 외로운 감정을 한탄한다. 다른 고양이들의 따뜻한 격려에 그녀는
자신의 모든 것을 내놓아 보였고, 올드 듀트로노미는 그녀를 헤비사이
드 레이어로 올라갈 고양이로 선택한다. 그녀가 하늘로 올라가자 올드
듀트로노미는 모두에게 고양이는 어떤 존재인지를 설명하는 노래를 하
고, 모두의 합창과 함께 막이 내린다.

(1) 헤비사이드 레이어를 꿈꾸며 : 스테이지 테크놀로지 + 플라잉 테크놀로지

뮤지컬 〈캣츠〉에서 헤비사이드 레이어는 고양이들이 새 삶을 시작할
수 있도록 도와주는 일종의 천국의 상징으로 등장한다. 일년에 한 번

1998년 제작된 영화 버전 〈캣츠〉에서는 이 장면을 그리자 벨라가 손 모양의 거대한 금속 구조물을 걸어 올라가는 모습으로 표현했다.

헤비사이드 레이어로 올라갈 수 있는 고양이가 선정되는데, 뮤지컬 〈캣츠〉에서는 공연 마지막에 그리자벨라가 선정되어 거대한 타이어를 타고 날아올라 구름을 닮은 구조물 안으로 들어가 사라진다.

2014년 오리지널 캐스트 내한공연에서는 새로운 기술이 활용되었다. 기존 〈캣츠〉에서 사용되던 타이어 리프트 세트는 무대의 후면에서 전면으로 4미터, 무대 위로 3미터 이동할 수 있다. 좌우 회전은 불가능하며 설치 시 5인 이상이 필요한 대형 장비였다. 유압식이며 기계 내부에 메모리 기능이 없기 때문에 컨트롤 모니터에 타임 위치를 표시해놓고 필요 시마다 구동 버튼을 누르는 방식이었다.

한편 2014년 한국에서 공연된 버전의 〈캣츠〉에서는 5개의 축을 가진 수직 다관절 로봇과 제어기를 활용하여 8.8미터 길이로 전, 후진할 수

그리자벨라가 타이어를 거쳐 구름 모양의 플라잉 장치로 걸어 올라가 헤비사이드 레이어로 승천하는 모습.

있으며, 위아래로 6미터 이동할 수 있고 약 120도까지 회전할 수 있는 새로운 리프트를 개발하여 적용했다. 최대 1분에 15미터까지 이동할 수 있으며(상하 이동의 경우 1분에 최대 8미터) 지정된 속도와 궤도대로 자유롭게 컨트롤할 수 있다.

이는 다양한 뮤지컬에서 리프팅 장면에 활용될 수 있을 뿐만 아니라 콘서트 및 대형 퍼포먼스 무대 등 관련 영역에서도 적극적으로 활용될 가능성이 있다.

(2) 고양이들의 세상 : 동물을 표현하는 방법

타이어 리프트는 〈캣츠〉의 마지막을 장식하는 상징적인 장면이지만, 관객들이 〈캣츠〉에 열광하는 이유는 바로 고양이들의 세상을 인간들이 놀랍도록 사실적으로 그려냈다는 점이다.

1_ 〈캣츠〉 : 다양한 고양이들의 개성을 표현하는 안무와 의상

〈캣츠〉의 가장 큰 특징 중 하나는 역시 '캣츠'에 대한 놀라운 행동 및 외연 묘사에 있다. 원작자 T. S. 엘리엇은 그의 시집 『지혜로운 고양이가 되기 위한 지침서』에서 여러 고양이들의 다양한 특성들을 소개하며 그것들을 이용해 인간 삶의 다양한 군상과 성격을 비유적으로 표현해냈다. 그 작품을 토대로 특정한 주인공이나 스토리라인 없이 수십 마리의 고양이들이 뛰쳐나와 저마다의 방식으로 자신들의 이야기를 들려주는 작품이 탄생했다. 그것을 뒷받침하기 위해서는 각 고양이들의 특이한 외향과 개성적인 분장, 캐릭터에 걸맞은 안무가 중요시될 수밖에 없다.

처음 보는 사람들은 수십 마리의 고양이들이 떼 지어 나와 저마다의 몸짓을 보이는 모습에 산만함을 느끼고 집중하지 못할 수도 있기 때문에 〈캣츠〉를 단순히 화려한 쇼뮤지컬 정도로 이해하는 경우도 발생하지만, 각 고양이들이 들려주는 이야기를 천천히 들으며 각각의 성격과 특징을 살펴보면 젤리클 고양이들의 삶은 우리네 그것과 별반 다르지 않다. 흡사 발레와 같이 조심스럽게 움직이는 고양이스러운 움직임과 색색깔의 고양이를 표현한 의상, 그리고 서로 다른 고양이들이 각자

의 삶을 살아가고 그 안에서 균형을 찾고 조화롭게 사회를 이루는 모습
은 인간들의 모습을 떠올리게 한다.

1981년, 뮤지컬 〈캣츠〉가 세상에 태어난 그해, 영국의 권위 있는 뮤
지컬 대상 로렌스 올리비에 어워드에서는 혜성같이 등장한 뮤지컬
〈캣츠〉에 두 개의 영예로운 상을 수여했다. 하나는 '최고의 뮤지컬 상
Best Musical'이고, 다른 하나는 '뮤지컬계의 탁월한 공로상Outstanding
Achievement in Musical'인데, 이는 뮤지컬 〈캣츠〉의 안무가인 질리언 린의
업적을 기리기 위해 로렌스 올리비에 협회에서 새롭게 제정한 것이다.
질리언 린의 안무는 영국의 재즈댄스 발전사에 커다란 역할을 했는데,

재주 많은 고양이 미스터 미스토플리스는 짧은 털의 검은
색 의상 위에 소형 전구가 알알이 박힌 의상을 입고 등장했
으며, 손으로 가리키는 곳에 펑 하는 소리와 함께 연기가 나
는 연출 방식으로 독특함을 표현하기도 했다. 폴짝폴짝 뛰는
몸동작은 흡사 재기발랄한 무대 위의 마술사를 떠올리게 하
는데, 이는 미스터 미스토플리스의 극중 성격과도 매우 잘
부합한다.

귀엽고 아름다운 몸짓을 가진 아기고양이 빅
토리아는 중간 길이의 흰색 털을 갖고 있다.
이는 비록 거리의 고양이이지만 혈통 있는 고
양이 가문 출신임을 보여주는 것 같기도 하
다. 빅토리아는 솔로 노래 파트는 없지만 우
아한 움직임을 뽐내는 솔로 댄스 무대로 그
아름다움을 선보이는데, 팔다리의 풍성한 털
과 상대적으로 가녀린 몸통 부위는 작은 체구
를 가진 아기 고양이의 몸짓을 보여주기에 매
우 적합한 의상 선택이라고 할 수 있다.

재즈와 클래식댄스를 접목하여 독특한 스타일을 갖춘 질리언의 안무는
〈캣츠〉라는 작품에 엄청난 생명력을 불어넣었다.

의상 또한 커다란 공헌을 했다. 고양이들의 특성에 맞추어 털의 길이
와 질감, 색상을 다양화한 〈캣츠〉의 의상을 통해 수십 마리의 고양이들
하나 하나가 개성을 잃지 않고 무대 위에서 제각기 빛날 수 있었다.

최고의 제작자 카메론 매킨토시와 연출가 트레버 넌, 작곡가 앤드류
로이드 웨버, 무대 디자이너 존 네이피어, 안무가 질리안 린 등 이름만

으로 흥행이 보장되는 웨스트엔드 최고의 제작진이 의기투합하여 만든 〈캣츠〉는 브로드웨이로 진출한 이후 1983년 토니 어워드에서 총 11개 부문에 후보로 올라 최고의 뮤지컬 상을 비롯한 7개 부문에서 수상하는 놀라운 결과를 일궈내기도 했다. 기록적인 총 수익과 관객 수, 엄청난 공연 횟수와 같이 숫자로 〈캣츠〉의 위력을 표현할 수도 있지만, 〈캣츠〉가 가진 진짜 매력은 세월이 흘러도 작품을 볼 때마다 다양한 고양이들의 새로운 모습을 접하고, 그 안에서 우리의 삶을 계속 발견할 수 있다는 점에 있지 않을까.

2_ 〈라이온 킹〉 : 여러 동물들의 특성을 표현하는 기술들

안무와 의상을 이야기하자면 역시 동물이 주인공으로 나오면서도 색다른 표현방식을 택함으로써 〈캣츠〉와는 확연히 다른 느낌을 주는 뮤지컬 〈라이온 킹〉을 빼놓을 수 없다. 〈라이온 킹〉은 디즈니의 대표작이자 브로드웨이의 대표적인 가족 뮤지컬이다. 2014년 가을에는 〈오페라의 유령〉의 아성을 뚫고 박스오피스 사상 가장 많은 수익을 낸 뮤지컬이 되었다. 〈캣츠〉의 고양이들이 몸에 딱 붙는 옷을 입고 인간의 움직임으로 고양이를 표현했다면, 〈라이온 킹〉에서는 보다 다양한 방법으로 여러 동물들을 표현했다. 연출가이자 무대 의상 및 가면 제작을 담당한 1인 3역의 능력 있는 연출가 줄리 테이머의 역량이 십분 발휘되는 순간이었다.

예를 들어 기린의 경우는 배우가 죽마 위에 올라 움직였으며, 영양

죽마 위에 올라탄 배우들이
기린을 표현하는 모습.

무파사와 스카의 경우, 배우의 머
리 위에 기계식 가면을 씌워 고양
이과 동물들 특유의 유연하고도
공격적인 목 움직임을 표현했다.

코뿔소의 경우 두 명의 배우가 한
몸이 되어 코뿔소의 무거운 걸음
걸이를 표현했으며, 앞에 위치한
배우는 코뿔소의 인형 머리를 조
종함으로써 사실감을 더했다.

티몬 캐릭터의 경우 품바나 심바
에 비해 상대적으로 몸집이 작기
때문에 성인 연기자가 연기하기에
는 부자연스러웠으며, 아동 연기자
가 맡기에는 목소리나 행동의 표
현이 어려웠다. 따라서 작은 체구
의 티몬 인형과, 보호색 옷을 입은
배우의 신체 여러 부위가 중간 장
치를 통해 연결되어 한 몸처럼 움
직이며 연기했는데, 이를 통해 만
화에서 바로 튀어나온 것 같은 사
실적인 동물 연기가 가능했다.

떼는 관절을 움직일 수 있는 인형을 입은 배우들이 일사불란하게 달려서 표현했다. 무파사나 스카와 같은 주요 캐릭터들은 상하로 움직일 수 있는 기계식 장치를 머리에 장착함으로써 고양이류의 동물들이 상대방을 향해 목을 앞으로 길게 내밀며 공격하는 행위를 묘사했다. 무대의 시작을 알리는 주술사 원숭이 라피키는 사람이 대신했으며, 하이에나나 수다쟁이 자주, 티몬과 품바의 경우는 배우들이 실제 사이즈의 인형이나 의상을 몸에 장착하고 나와 신체 부위를 움직여가며 표현했다. 가볍고 발랄한 몸짓과 움직임 등 인간의 몸짓만을 이용해 고양이를 표현한 〈캣츠〉와는 사뭇 다른 방식의 동물 표현이다.

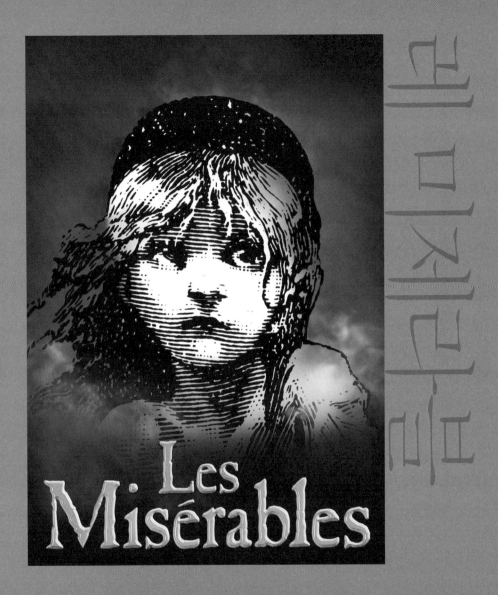

레미제라블

바리케이드로 상징되는 프랑스 혁명의 역사 속 장발장과 자베르의 끝없는 추격전.

그리고 그 안에서 피어나는 젊은이들의 사랑.

초연_ 1980년 파리, 1985년 런던 바비칸 센터Barbican Center, London, UK

기획_ 카메론 매킨토시Cameron Mackintosh

작곡_ 클로드 미셸 쇤베르크Claud-Michel Schönberg

작사_ 장마르크 나텔Jean-Marc Natel,

　　　　*영어 가사_허버트 크레츠머Hervert Kretzmer

연출_ 트레버 넌Trevor Nunn, 존 케어드John Caird

무대_ 존 네이피어John Napier

극본_ 알랭 부블리Alain Boublil, 장마르크 나텔Jean-Marc Natel,

　　　　*영어_제임스 팬턴James Fanton

원작_ 빅토르 위고Victor Hugo, 『레 미제라블』

대표곡_ 〈집으로 돌려보내주소서Bring Him Home〉, 〈꿈을 꾸었네I Dreamed A Dream〉, 〈민중들의 노래가 들리는가Do You Hear the People Sing〉 〈하루만 더One More Day〉

〈레 미제라블〉은 프랑스 원작의 뮤지컬이다. 프랑스를 비롯한 유럽 뮤지컬은 영국 웨스트엔드나 미국 브로드웨이에서 탄생한 작품들에 비해 역사적 사실이나 고전 문학작품의 재해석에 기반한 작품들이 많은 편이다. 우리나라에 소개된 대표적 프랑스 뮤지컬 〈노트르담 드 파리〉, 〈십계〉, 〈로미오와 줄리엣〉, 〈태양왕〉 및 독일의 〈엘리자벳〉, 〈레베카〉, 오스트리아의 〈모차르트〉 등에서 알 수 있듯 현대적인 소재를 바탕으로 한 화려하고 역동적인 볼거리보다는 중세나 근대 유럽을 배경으로 하는 과거의 사실이나 고전 문학작품의 고증이 중심이다. 따라서 유럽 뮤지컬을 감상할 때는 고전적 감성이 묻어나는 우아한 멜로디와 당시의 사회상을 반영하는 의상 및 소품, 원작과의 유사도 및 해석 방법 등을 중점적으로 보게 된다.

〈레 미제라블〉 또한 19세기 프랑스 나폴레옹 집권 당시의 사회적 단상과 혁명의 불씨 가운데서 인간 삶의 의미를 생각해보려고 했던 빅토르 위고의 원작소설에 기반한다. 프랑스에서 초연된 이 작품은 세계적 프로듀서 카메론 매킨토시를 만나 전 세계적 명성을 누리게 되었으며, 무대 디자이너 존 네이피어의 손을 거쳐 여타 유럽의 뮤지컬에서는 보기 힘든 역동적인 무대 장치 및 디자인을 통해 작품 서사와 무대가 하나되는 상징적 장면, 바리케이드 신이 탄생하게 되었다.

특징
—
새로운 세계를 창조해내는 인물, 존 네이피어

〈레 미제라블〉 공연이 끝난 후 관객들에게 남겨진 것은 비장한 표정으로 눈물의 노래를 부르는 시민들과 그들을 지켜주는 웅장한 바리케이드이다. 이 장면은 뮤지컬의 여신이 존재한다면 그녀의 사랑을 한 몸에 받는 디자이너, 존 네이피어의 작품이다. 그는 획기적인 무대 장치를 테크놀로지로 풀어낸 최초의 인물이자, 손대는 모든 작품들을 성공시키는 마이더스의 손이다.

바리케이드가 양쪽에서 슬라이딩을 통해 등장하는 것 자체로도 숨막힐 듯한 위용이 뿜어져나오는데, 그 어마어마하고 육중한 무대 장치가 슬라이딩과 더불어 180도 회전하며 이동하는 기술을 보면 이것이

굉장한 고난도의 기계 장치임을 알게 된다. 상상 속의 장면을 무대 위에서 시도하고 기술로 구현해냈다는 자체로 존 네이피어의 강력한 추진력과 저돌적인 진취성이 느껴지며, 이는 〈레 미제라블〉의 전체적인 분위기와도 자연스럽게 겹쳐진다. 그래서 80년대 초반에 제작된 작품임에도 불구하고 30여 년의 시간 동안 끊임없는 생명력을 뿜어내고 있는 것일지도 모른다.

작품에서 회전은 많은 것을 의미한다. 격동의 소용돌이, 움직이는 민심, 그리고 그 시대 속에서 흔들리고 휘청대는 주인공들의 심리 상태, 이는 곧 우리의 자화상이기도 하다. 존 네이피어는 턴테이블을 활용하여 이러한 혼란의 이미지를 표현했는데, 원형 무대를 끊임없이 돌리면서 시간의 흐름과 장면의 전환을 표현했다. 〈레 미제라블〉 무대에서 테크놀로지는 연출에 커다란 힘을 주었을 뿐 아니라 〈레 미제라블〉이라는 작품 자체의 상징이 되었다고 할 수 있다.

ACT 1

빵을 훔치다 잡혀 무려 19년 동안 형무소에 있었던 장발장은 가석방되지만, 법에 의해 전과자의 표지인 노란 표를 착용하고 다녀야 하기 때문에 삶은 여전히 비참하다. 수많은 고생 끝에 들른 성당에서 따뜻한 주교의 호의로 음식과 잘 곳을 제공받지만, 다음날 아침 그는 은식기들을 훔치고 달아나다 경찰에게 붙잡힌다. 하지만 주교는 따뜻한 인간미와 관용을 보이며 그가 가져가지 않은 나머지 2개의 은촛대까지 주며 그가 정직한 사람이 되기를 기도해준다. 부끄러움과 자학으로 몸부림치던 장발장은 새로운 삶을 살아갈 것을 맹세하고 그의 노란 표를 찢어버린다.

8년 후, 장발장은 한 도시의 시장이자 공장의 소유자인 마들렌이라는 이름으로 살아가고 있다. 그의 공장 노동자 중 하나인 판틴은 코제트라는 딸을 키우고 있었는데, 아름다운 외모를 가진 판틴에 대한 주변 노동자들의 시기와 그녀에게 불경한 마음을 먹은 공장 관리인에 의해 판틴은 공장에서 쫓겨나게 되고 결국 거리의 여자로 전락하고 만다. 그녀가 질 나쁜 고객과 싸우다 반격을 하자 그 고객은 경찰 자베르를 불러 그녀를 체포하라 하지만, 장발장이 나타나 사정을 들어보자고 말하고 그녀를 병원에 보낸다.

한편 자베르 경감은 마들렌의 모습을 보고 그가 수년 전 도망친 죄수 장발장일 것이라 의심하게 되지만, 주변 마을에서 장발장이 잡혔다는 소문을 듣고는 마들렌에 대한 의심을 거둔다. 그러나 장발장은 자기 대신 무고한 사람이 죗값을 치르는 것을 방관할 수 없어 법원에 출두해 자신의 정체를 고백한다. 하지만 그 후 판틴의 병원을 찾아간 장발장은 죽어가는 그녀에게 어린 딸을 대신 키워주겠다는 약속을 해버리고는 자베르의 추격을 피해 도망쳐 코제트를 찾는다. 코제트는 몽페르멜의 테나르디에 부부에게 맡겨져 여관의 허드렛일을 하며 학대 속에 살고 있었으며, 장발장은 테나르디에 부부에게 막대한 돈을 지불하고 코제트를 데려간다.

　세월이 흘러 파리는 대격변의 시대를 맞이하고 코제트는 숙녀가 되어 마리우스라는 청년과 사랑에 빠진다. 한편 학생 혁명군 앙졸라는 레마르크 장군이 죽었다는 이야기를 듣고 혁명을 준비하고, 그 소식을 들은 장발장은 코제트의 평안한 미래를 위해 그녀의 과거를 감추려 1832년 파리 혁명 전날 밤 도망을 결심한다. 코제트와 마리우스는 그들 앞에 닥친 현실에 절망하고야 만다.

ACT 2

　학생 혁명군이 바리케이드를 설치하는 동안, 자베르 경감은 학생 혁명군을 와해시키기 위해 정부군의 스파이로 잠입했다가 어린 가브로슈에 의해 정체가 탄로나 포로로 붙잡히는데, 장발장의 배려로 가까스로 목숨을 구한다. 정부군은 학생 혁명군에게 마지막 항복의 기회를 주지만 혁명군 진영은 자유를 외치며 끝까지 투쟁하고 많은 희생자가 발생한다. 마리우스 또한 중상을 입고 쓰러지는데, 장발장이 그를 바리케이드로부터 지하 통로로 끌어내 목숨을 구한다.

　테나르디에 부부는 장발장을 발견하고는 현상금을 위해 자베르 경감을 불러 마리우스의 반지를 몰래 훔친다. 하수구의 출구에서 장발장은 자베르에게 붙잡히지만, 그가 죽어가는 마리우스를 병원에 데려다 주고 올 수 있게 해달라며 애원하자 자베르는 무엇에라도 홀린 듯이 그를 보내준다. 재판장 앞에 선 장발장은 다시 한 번 인간적 면모를 보이는

레 미 제 라 블

데, 자베르는 장발장의 숭고한 인간애에 마음이 움직이고 자신의 행동으로 지금까지의 신념이 무너지는 것을 느끼며 센 강에 투신자살한다.

자베르가 죽었다는 것을 알지 못한 장발장은 자신의 과거가 코제트에게 짐이 되지 않도록 하기 위해 마리우스에게만 사정을 말하고 수도원으로 도망쳐 은거한다. 혁명일 당시 자신을 구해준 사람이 장발장이라는 사실과 사건의 전후 사정을 알지 못하는 마리우스는 코제트를 보호하기 위해 장발장의 소재를 비밀로 한다.

몇 달 후, 마리우스와 코제트는 결혼한다. 결혼식 당일 테나르디에 부부는 마리우스에게 장발장이 살인자였으며 그가 시체 나르는 것을 보았다고 말하며 그 증거로 반지를 보여준다. 반지를 본 마리우스는 혁명일에 자신의 생명을 구한 사람이 장발장이었다는 것을 깨닫고 코제트와 함께 수도원으로 달려간다. 수도원에서 죽음을 기다리고 있는 장발장 앞에 판틴의 영혼이 등장해 장발장은 용서받았고 하늘나라에서 하느님과 함께할 것임을 따뜻하게 말해준다. 이후 코제트와 마리우스가 찾아오자 장발장은 코제트에게 자신의 숨겨왔던 과거와 판틴에 대한 이야기가 쓰여 있는 일기장을 건네며 코제트의 품에 안겨 숨을 거둔다.

기술 적용 사례 −

(1) 프랑스 혁명의 상징, 바리케이드 : 스테이지 테크놀로지

2012년 겨울 개봉한 영화 〈레 미제라블〉은 전 세계적 인기를 끌며 총 수익 약 4500억을 달성했다. 유난히 눈이 많이 왔던 추운 겨울, 한국에서도 600만 명에 가까운 관객들이 영화를 감상했고, 너 나 할 것 없이 〈I dreamed a dream〉, 〈One more day〉, 〈Do you hear the people sing〉 등 영화 속의 노래들을 흥얼거렸다. 또한 대선이라는 국가적 이슈와도 결부되어 국민의 권리와 정부의 의미에 대해 다시금 생각해보는 계기가 되기도 했다.

영화 후반부에서는 시민 혁명군이 바리케이드를 치고 군대에 맞서 저항하는 장면이 나온다. 바리케이드는 와인 등을 담아 보관하던 원통형 저장 도구(프랑스어의 Barrique, 영어의 Barrel)에서 유래한 말로, 1588년 5월 헨리 3세의 왕권에 대항하는 시민군에 의해 처음으로 혁명 도구로 사용된 이래 혁명의 상징이자 새로운 명사로 거듭나게 되었다. 자갈 등을 담아 수직으로 세우면 군사들의 진출을 막고 공격을 피할 수 있었으며, 이동이 필요할 때는 옆으로 뉘어 굴리면 되었으므로 빈약한 무장과 어설픈 무기밖에 없는 시민군에게는 성벽과 은신처를 대신할 수 있는 매우 훌륭한 수단이었다.

빅토르 위고의 원작과 뮤지컬, 영화에서 표현된 바리케이드는 파리 시민들이 창문으로 던져준 식탁과 의자 등 가구들로 이루어진 산더미로 대체되는데, 뮤지컬 〈레 미제라블〉에서는 혁명의 상징인 이 바리케이드를 표현하기 위해 다양한 기술을 활용했고, 각각의 기술들은 관객들에게 많은 의미를 전달해주었다.

웨스트엔드에서 카메론 매킨토시가 기획하고 존 네이피어가 무대를 담당한 버전의 〈레 미제라블〉에서는 무대 양측에서 형체를 알 수 없는

목재 더미가 서서히 가까워지며 하나로 합체되었을 때 거대한 바리케이드가 형성되는 것을 표현했다.

프랑스의 혼잡한 상황과 혁명의 소용돌이를 암시하듯이 이 거대한 구조물은 무대 하단의 기계 장치를 통해 회전하며 역동성을 한층 더한다. 이러한 기계 장치는 2014년 지금까지도 뮤지컬 〈레 미제라블〉의 바리케이드를 표현하는 데 사용되고 있다.

한편 상연 25주년 기념공연에서는 기존과는 다른 형태로 바리케이드를 표현했다. 바로 무대 위의 거대한 조명 세트 구조물을 무대 앞 관객석 쪽으로 끌어내리는 것인데, 위에서 장엄하게 내려오는 철제 세트는 좌우에서 합쳐지는 바리케이드와는 또 다른 느낌을 자아냈다. 본래 조명 트러스로 활용되었던 이 세트는 장면의 전환에 따라 붉고 흰 빛을 쏘아대며 충격신 등을 표현하는 것에도 사용되었다.

조명 트러스는 알루미늄 트러스에 무빙

라이트를 달고 메모리 기능이 있는 체인 모터를 추가한 장치로, 그 자체도 로봇이라고 볼 수 있다. 컨트롤 박스를 통해 프로그래밍하여 모터 각각의 움직임에 명령을 내릴 수 있다.

(2) 위아래로 움직이는 조명 트러스 : 스테이지 테크놀로지

원작 뮤지컬에는 많은 기술이 사용되지 않지만, 25주년 기념공연에서는 조명 트러스를 활용한 다양한 무대 효과를 구현했다.

시민 봉기가 이루어지는 장면에서 조명 트러스를 아래쪽으로 내려 사방으로 흰빛을 내뿜으며 혼란한 현실 속에서 빛나는 혁명 의지를 표현했다. 자유를 노래하는 장면에서는 모든 조명의 빛이 붉은색으로 변하며 무대와 관객석 전체가 붉은빛으로 가득 차기도 했는데, 이는 혁명의 시작을 알리는 붉은 깃발의 의미를 관객들에게 전달해준다.

(3) 장소의 표현 : LED 패널

25주년 기념공연에서는 기존 공연에서는 잘 사용되지 않던 대형 LED 패널을 활용하여 장소를 표현했다. 여타 공연에서는 시놉시스를 이해한 관객들이 분위기와 소품 등으로부터 장소를 유추했으나, LED패널이 활용됨으로써 장면이 이루어지는 장소를 이해하는 데 도움을 주었으며, 기존 무대에서는 표현하기 힘든 장면도 영상을 통해 대체할 수 있었다.

(4) 자연 표현 : LED 패널 및 프로젝션

극중 장발장을 쫓는 자베르 경감은 국가의 룰을 따르며 원리 원칙에 충실해야 한다고 강력하게 믿는 인물이다. 그런 자베르에게 장발장은 한 아이의 보호자도, 자애로운 시장도, 명망 높은 사업가도 아닌 단순한 탈옥수에 불과하다. 자베르의 감정을 보여주는 대표적 장면들이 있다. 하나는 밤하늘의

장발장이 감옥을 탈출하여 찾아간 성당의 모습이다. 기존의 관객들은 신부의 옷차림을 통해 성당임을 추정할 수 있었지만, 본 공연에서는 무대 뒤에 십자가가 높게 세워진 건물의 모습을 보며 성당임을 확인할 수 있다.

인터미션 시간에는 오케스트라의 연주와 함께 19세기 당시 일반 시민들이 거주하던 파리 시내의 모습을 영상으로 보여주었다.

혁명군에 의해 부상을 당해 정신을 잃은 마리우스를 안고 지하도를 통해 이동하는 장발장의 모습. 일반 무대를 통해 지하도를 표현하기는 어려우나, 해당 장면을 영상으로 대체함으로써 관객의 이해도를 높일 수 있었다.

밤하늘의 별을 보며 원칙을 신념으로 삼고 살아갈 것을 다짐하는 자베르의 뒤로 LED 패널과 조명으로 표현한 별빛이 보인다. 작고 흰 별과 크고 푸른 별을 동시에 활용함으로써 찬란한 밤하늘 아래 확신에 찬 자베르의 모습을 강조하여 표현했다.

자베르가 강으로 투신하는 장면에서는 힘이 전혀 없는 자베르가 무대 뒤로 터덜터덜 쓰러지듯 걸어가고 그 위로 소용돌이 치는 한밤의 센 강이 영상으로 표현되었다.

로봇, 뮤지컬을 만나다

별을 보며 별들이 놀라운 섭리와 원칙에 의해 저 위에 존재하듯, 나 또한 그러한 철저한 원리 원칙을 신념으로 삼고 살아가겠노라고 노래하는 장면이고, 또 하나는 장발장의 도움을 받고 그의 인간적 면모를 확인한 그가 자신의 강력했던 신념이 흔들리는 경험을 한 뒤 혼돈을 감당하지 못하고 강으로 투신하는 장면이다.

이외에도 LED 패널은 장면의 시점 전환을 표현하는 데 사용되기도 했다.

무게 1톤, 크기 6미터의 거대하지만 따뜻한 존재.

초연_ 2013년 호주 멜버른 리젠트 극장Regent Theatre, Melbourne, Austrailia

기획_ 글로벌 크리에이처Global Creatures

극본_ 크렉 루카스Craig Lucas

연출_ 다니엘 크래머Daniel Kramer

음악_ 마리우스 데 브리스Marius de Vries

무대 디자인_ 피터 잉글랜드Peter England

애니메트로닉스 워크샵 파트너_ 더 크리에이처 테크놀로지 컴퍼니 The Creature Technology Company

애니메트로닉스_ 소니 틸더스Sonny Tilders

킹콩 연출_ 피터 윌슨Peter Wilson

대표곡_ 〈보름달의 자장가Full Moon Lullaby〉, 〈행복해져Get Happy〉

온몸을 뒤덮은 시커먼 털과 험상궂은 주름으로 가득한 얼굴, 주먹을 내려치는 것만으로도 바위를 부숴버릴 듯한 힘이 느껴지는 팔뚝을 가진 수미터가 넘는 이 괴물은 아무도 그의 눈동자를 바라볼 생각을 하지 못하도록 만든다. 하지만 그가 조심스레 감싸안은 것은 금세라도 부서질 듯한 작은 체구의 금발 여인이었다. 남들이 그의 덩치를 보고 두려워할 때 그녀는 그의 깊은 눈동자를 바라볼 용기를 가졌던 것이다. 종족이 다르고 말이 통하지 않아도 그들은 서로의 눈빛에서 무언가를 느꼈으며, 그 조그만 끌림을 향해 아낌없이 자신의 생명을 내던졌다.

그는 분노했다. 자유를 구속하는 인간을 향한 분노였다. 하지만 그보다 자신을 소중히 생각하고 이해해주는 인간이 위험에 처하자 터뜨리는 분노가 훨씬 더 컸다. 또한 그는 울부짖었다. 자신의 아성을 침범하고 모욕하는 이들을 향해 터져나오는 고함소리였다. 하지만 인간이 세운 가장 높은 아집의 꼭대기 위에서 그를 사랑해주는 한 여인의 눈을 바라볼 때는 생명의 위협을 느끼면서도 입을 열지 않았다. 뮤지컬의 시작에서 '그것'이었던 괴물은 점점 시간이 지날수록 '그'라는 남자로 변해간다. 지금부터 그의 커다란 눈동자가 보내는 신호를 조심스레 따라가보는 것은 어떨까.

특 징
-

개발에 5년, 애니메트로닉스 워크샵에만 4년이 걸렸다. 거대한 킹콩을 스크린 안에서 이 세상 밖으로 끄집어내는 것은 그 자체로 엄청난 도전이자 뮤지컬 역사에 획을 긋는 대작업이었다. 1932년 영화감독 윌리스 오브라이언Willis O'Brien은 시나리오 속의 킹콩을 스크린으로 옮겨왔다. 토끼털과 고무조각으로 뒤덮인 18인치의 꼭두각시 인형은 책을 찢고 나와 은막 위에서 살아 있는 킹콩이 되었고, 관객들은 킹콩이 움직이는 스톱모션 영상을 숨죽여 바라보며 놀라고, 기뻐하고, 감동했다.

많은 세월이 지나 2005년에 재탄생된 피터 잭슨Peter Jackson 감독 버전의 〈킹콩〉에서는 모션캡처 기능이 사용되었다. 〈반지의 제왕〉 시리즈의 '골룸'과 〈혹성탈출〉 시리즈의 '시저' 역할로 유명한 배우 앤디 서키스Andy Serkis의 연기를 기반으로 한 컴퓨터 제작 영상(CGI: Computer-

Generated Imagery)으로 킹콩을 완벽하게 구현했다.

킹콩을 영화로 구현하는 데 동원했을 그 모든 상상력과 기술에 대한 고민은 이후 뮤지컬 〈킹콩〉의 크리에이처 디자이너 소니 틸더스의 몫이 되었다. 그리고 그 결과로 살아 움직이는 듯한 대형 퍼펫, 이빨을 드러내며 분노하고 슬픈 표정으로 눈물지으며 부드러운 몸짓으로 마음을 표현하는 킹콩이 탄생되었다.

소니 틸더스는 〈스타워즈 에피소드 3-시스의 복수〉(2005), 〈나니아 연대기-사자, 마녀 그리고 옷장〉(2005)에서 마치 살아 움직이는 듯한 외계인과 상상의 생명체들을 만들어낸 장본인이다. 한강을 배경으로 한 영화 〈괴물〉(2006)의 괴물 제작에도 참여한 바 있다.

구현하고자 하는 실체에 대한 열정적인 관찰과 성실한 조사로 살아 움직이는 듯한 인형들을 만들어내는 이 남자는 2007년 〈워킹 위드 다

소니 틸더스가 구현한 〈스타워즈 에피소드 3-시스의 복수〉의 외계인들

이너소어Walking with Dinosaurs-The Live Experience〉의 애니메트로닉스 작업을 주도하며 실제로 살아 움직이는 듯한 공룡들을 놀랍도록 정교하게 구현해냈다. 아레나 형식의 공연장에서 진행된 이 작품은 BBC와 디스커버리 채널에서 방영된 동명의 다큐멘터리를 기반으로 한다. 제작비로 2천만 달러가 소요되었으며 미국과 캐나다 등지의 투어를 통해 2009년 한 해 동안 총 관객 100만 명 이상, 총 수익 4620만 달러의 성과를 거두는 등 대성공을 이루었다.

영화에서 공연장으로, 그리고 블록버스터급 뮤지컬 무대로, 소니 틸더스의 행보는 그 규모와 방법을 다양화하며 뮤지컬 〈킹콩〉으로 영역을 옮겨갔다. 최근 〈킹콩〉이나 〈드래곤 길들이기〉 등 엄청난 수준의 애니메트로닉스 기술을 활용한 대형 신생 뮤지컬이 제작되어 많은 호평을 받고 있다. 〈킹콩〉과 〈드래곤 길들이기〉는 모두 호주 작품이라는 점, 첨단 애니메트로닉스 기술을 아주 잘 활용했다는 점, 애니메트로닉스로 구현된 퍼펫이 뮤지컬의 중심 소재라는 점 등 많은 공통점이 있는데, 이 모두를 가능하게 한 가장 커다란 공통점은 바로 소니 틸더스가 크리에이처 디자이너로 참여했다는 사실이다.

여기서 우리가 주목해야 할 점은, 영화계에서 활동하던 인물이 공연계로, 뮤지컬계로 이동하여 뮤지컬의 기술 활용 영역을 확대, 재창조했다는 것이다. 제임스 카메론 감독의 영화 등에서 볼 수 있듯, 영화 촬영 및 후처리 작업에서 활용되는 기술들은 무궁무진하다. 약간의 발상의 전환과 욕심만 있다면 이 기술들을 무대로 옮겨와 음악과 어우러지는 환상적인 장면을 만들어낼 수 있다. 영화 원작의 뮤지컬이 제작되고, 또 반대로 뮤지컬 원작의 영화가 제작되는 등 미디어 간의 교류가 점점 활발해지고 있는 현상을 바라보며, 이제는 스토리뿐 아니라 특수효과 기술 또한 미디어와 스토리를 넘나들며 널리 활용되어 관객들의 눈과 귀를 즐겁게 해주었으면 하는 바람이다. 제2, 제3의 소니 틸더스를 기대하며.

ACT 1

대공황이 한창인 뉴욕, 영화감독 칼 던햄은 아무리 도시를 뒤져봐도 자신의 다음 작품에 출연시킬 여배우를 찾지 못해 절망에 빠져 있는 중이다. 어느 날 그는 강도들에게 희롱당하고 있는 앤 대로우를 발견하고, 그녀가 자기 작품의 여주인공에 완벽히 들어맞는 인물이라 확신하며 주의 깊게 그녀를 살핀다. 도시에서의 강퍅한 삶을 근근이 이어나가고 있는 앤은 어느 날 배고픔을 못 이겨 사과를 훔치려다 체포당할 뻔하지만, 그것을 지켜보던 던햄이 그녀를 구해주는 대신 그 대가로 자신의 영화에 출연해줄 것을 제안하고 앤은 마지못해 승낙한다. 완벽한 여주인공을 발견하고 희망에 찬 던햄은 자신의 영화가 대성공하는 꿈을 꾸며 잠든다. 앤은 배를 타고 촬영지로 떠나며 영화 촬영을 위한 팀을 소개받는 와중에 사사건건 그녀의 신경을 건드리는 남자 잭 드리스콜을 만난다. 마음에 들지도 않고 무례한 남자였지만, 어느새 투닥

대며 미운 정이 들어버린 둘 사이에는 사랑이 싹트기 시작한다. 제작팀을 태운 배가 촬영지인 스컬 섬에 도착했지만, 저 멀리 보이는 섬의 모습은 기괴하고 공포스럽다. 던햄의 재촉 아래 밍기적대며 섬에 상륙하게 된 제작팀은 촬영 도중 원주민의 제물 희생의식을 방해하게 되고 잔뜩 화가 난 원주민들과 싸우게 된다. 그들은 간신히 배로 후퇴하고 나서야 여주인공 앤이 없다는 사실을 발견한다. 앤은 원주민들에 의해 섬의 괴물 킹콩에게 산 제물로 바쳐졌으며, 그 사실을 알게 된 잭이 목숨을 걸고 구하려 시도하지만 늦어버리고 만다. 잭은 앤을 되찾으리라 결심하고 정글을 향해 탐험을 시작한다. 한편 앤은 킹콩의 동굴에서 깨어나 험악한 괴물의 모습을 보고 잔뜩 겁을 먹지만, 그 괴물이 자신을 싫어하지 않으며 오히려 배려해준다는 사실을 깨닫고 용기와 활력을 되찾는다. 그 와중에 킹콩이 앤을 공격하려는 괴물 뱀에게서 그녀를 구해냄으로써 앤과 킹콩은 종족을 초월한 깊은 유대를 쌓아가게 된다. 하지만 킹콩이 깊은 잠에 빠진 후 앤을 구출하기 위해 찾아온 잭이 그녀를 데리고 도망치자, 킹콩은 그들을 뒤쫓기 시작한다. 던햄은 앤을 미끼로 삼아 쫓아오는 킹콩을 수면가스 폭탄을 이용해 포획한 후, 큰 돈을 벌 생각에 기뻐하며 킹콩을 철창에 가두어 뉴욕으로 잡아간다.

ACT 2

뉴욕에 도착한 앤은 잭의 프로포즈를 받아들이지만 고민에 빠진다. 앤은 잭과의 새로운 인생과 킹콩에 대한 애정 사이에서 마음속으로 갈

등하고 있었고, 그 결과 잭에게 잠시만 혼자만의 시간을 가질 수 있게 해달라 부탁한 다음 킹콩이 묶여 있는 극장을 찾아간다. 뉴욕 시민들의 경악과 환호 속에서 쇠사슬에 칭칭 감긴 킹콩을 자랑스레 소개하고 있던 던햄은 공연 도중 무대 위로 갑자기 뛰어올라와 킹콩을 풀어주려는 앤을 경비원들을 불러 내쫓는다. 하지만 그 광경은 괴물의 분노를 불러일으키고 만다. 경비원들이 그녀를 해치려 한다고 생각한 킹콩은 괴력을 발휘해 쇠사슬을 끊어버리고 극장을 탈출하여 앤을 찾아 온 도시를 헤집고 다니며 난장판으로 만든다. 도시를 공포의 도가니로 몰아넣던 킹콩은 앤이 무사한 모습을 보고 나서야 진정한 다음 그녀를 데리고 엠파이어 스테이트 빌딩으로 기어 올라간다. 앤과 킹콩은 영원할 수 없는 시간 속에서 서로를 지긋이 응시하지만, 킹콩은 결국 비행기의 총알에 맞아 빌딩에서 추락하고 만다. 절규하는 앤과 충격에 빠진 뉴욕 시민들이 움직임 없는 킹콩을 바라보는 모습으로 작품은 막을 내린다.

(1) 킹콩의 탄생 : 로봇 테크놀로지, 애니메트로닉스

애니메트로닉스는 용이나 공룡, 페가수스 등 현실에 존재하지 않는 생물을 물리적 실체로 무대 위에 구현할 때 매우 효과적인 기술이다. 뮤지컬 〈킹콩〉의 애니메트로닉스 담당자인 소니 틸더스는 20년 이상 경력의 베테랑 애니메트로닉스 전문가이다. 〈스타워즈 에피소드 3-시스의 복수〉에서 외계인을 만들었으며, 〈나니아 연대기〉에서 신비로운 생물들을 구현해냈다. 하지만 킹콩은 외계인이나 이름없는 생명체와 같은 조연이 아닌, 관객들이 극장을 찾는 이유이자 작품의 주인공이다. 그런 만큼 부담이 컸을 것이다.

완성도 높은 애니메트로닉스, 다축제어, 그리고 초현실적 비전 기술을 통합적으로 활용해 완성된 킹콩의 등에는 여러 개의 줄이 달려 있고, 몸의 일부는 마리오네트 방식으로 움직이고 다른 일부는 애니메트로닉스 방식으로 움직인다. 이는 유압식 실린더와 자동화 시스템, 그리고 수동 조작 방식을 모두 조합하여 만들어낸 결과이다.

마리오네트 방식으로 이 초대형 주인공을 움직이는 것은 11명의 인형사들과 공중곡예사들이었다. 'King's Men'이라 불리는 이 인형사들은 자신이 조작하는 인형의 삶과, 그 환영을 창조해내는 인간으로서의 시야를 모두 갖고 무대 여기저기를 종횡무진 돌아다니며 킹콩의 팔

자는 줄 알았던 킹콩의 곁에서 앤은 자장가를 불러준다. 평화로운 표정의 킹콩이 푸르르 숨을 내쉴 때마다 콧구멍과 윗입술이 미세하게 떨리는 장면까지 섬세하게 표현되었다.

앤을 지키려는 킹콩의 표정에서는 분노를 넘어 일종의 비장미까지 느껴진다.

킹콩의 생생하고도 우아한 동작은 에어튜브로 만든 근육 주머니를 통해 만들어졌다. 몸통의 많은 부분을 속이 빈 근육 주머니로 만들었기 때문에 전체 무게를 상당 부분 줄일 수 있었다. 각각의 근육 주머니는 유입되는 공기의 양에 따라 늘어나고 수축하며 해부학적으로도 매우 실감나는 구조를 완성시켰다.

목 부근 근육 주머니의 부피를 줄이면 힘이 쭉 빠져 처진 듯한 자세를 표현할 수 있다.

을 올리고 다리를 옮긴다. 11명의 인형사들 외에도 두 명의 인형사는 voodoo 컨트롤을 이용해 킹콩을 움직이고, 다른 한 명은 자동화 시스템을 조작한다. 이렇게 총 14명의 사람들과 하나의 주인공 킹콩이 힘을 합쳐 킹콩의 움직임을 만들어냈다. 이외에도 킹콩의 조종에 관여되는 스태프만 무려 35명에 달한다.

킹콩의 팔과 어깨 부분에는 여러 개의 줄이 달려 있고, 무대 구석구석에서 인형사들이 이 줄을 당겨 킹콩의 다양한 팔 모션을 만들어낸다. 이는 훌륭한 기술과, 기술에 대한 철저하고 성실한 접근이 이루어낸 아이디어이다.

킹콩의 감성적 연기는 사람의 키 두 배가량의 거대한 얼굴 부분으로부터 표현된다. 커다란 입을 열고 이빨을 드러내며 분노를 표현하기도 하며, 미간에 주름을 잔뜩 짓고 눈을 찌푸리며 슬픔을 표현하기도 한다. 한편 공중 연기와 서커스 부분의 연출을 맡은 게빈 로빈Gavin Robin은 킹콩의 페르소나, 즉 킹콩의 진정한 남성적 에너지와 아우라는 인형사들의 움직임을 통해 표현된다고 언급했다.

(2) 단순하지만 대담한 배경 표현 : 프로젝션 테크놀로지

무대 또한 작품 전체의 주제 의식에 맞추어 디자인되었다. 디자이너 피터 잉글랜드는 킹콩이라는 이야기의 구조 자체가 매우 단순하므로 무대 역시 단순하게 꾸며야겠다고 생각해, 단순하지만 상징적인 대담함이 드러날 수 있도록 고안해야겠다고 생각했다. 비록 작품의 배경은

1933년의 뉴욕이지만 클래식한 느낌의 건물 모형 따위로 모방하는 것이 아니라, 시대가 흘러도 변하지 않는 순환의 이미지를 표현할 수 있는 단 하나의 상징, 달을 표현하기로 했다. 달의 모습은 'Full Moon' 장면에서 잘 드러난다. 여기서 영화 포스터 디자인이 고안되기도 했다.

작품의 주요 장면인 'The Chase' 부분에서는 킹콩의 모습 위에 빠르게 흘러가는 불꽃의 모습을 프로젝션으로 투사하여 분노에 가득 찬 표정으로 혼란스러운 곳을 빠르게 달려가는 킹콩의 모습을 표현했다.

1930년대의 뉴욕 시를 표현하기 위해서는 크라이슬러 빌딩, 록펠러 센터, 엠파이어 스테이트 빌딩과 같은 가장 유명하고 높은 빌딩들을 영상으로 구현했다. 무대는 크게 두 부분으로 나뉘어 킹콩이 기어 올라가거나 여주인공 앤을 들어 나르는 장면에 사용되었다. 극장이 허용하는 가장 높은 높이까지 무대를 올려 고층 빌딩들을 표현할 수 있었다.

(3) 애니메트로닉스 기술을 활용한 다양한 뮤지컬, 공연 작품 소개

• 〈드래곤 길들이기|How to Train Your Dragon: Live Spectacular / How to Train Your Dragon Arena Spectacular〉

〈드래곤 길들이기〉에는 총 24마리의 용이 등장하며 어떤 것은 날개를 펼쳤을 때 14미터 이상의 크기를 자랑하기도 한다. 공룡 안에는 연기를 내뿜는 기구가 탑재되어 있어 현실감 있는 연기를 가능하게 했다.

• 〈슈렉|Shrek〉

뮤지컬 〈슈렉〉에 등장하는 용은 총 세 개의 케이블로 제어되는데, 하나는 용의 높낮이를 조절하는 데 사용되며 나머지 두 개의 케이블은 무대 앞쪽의 아치 부분과 연결되어 공연장 위를 자유롭게 날아다닐 수 있게 한다. 거대한 용 안에는 모터가 탑재되어 있어 27킬로그램의 용을 다양한 경로로 자연스럽게 날게 할 수 있도록 정확하고 세밀한 컨트롤을 돕는다.

• 〈워킹 위드 다이너소어|Walking with Dinosaurs-The Live Experience〉

공연 〈워킹 위드 다이너소어〉에 등장하는 다양한 공

롱들의 움직임은 모두 조이스틱 패드를 이용해 컨트롤한다. 보다 상
세한 움직임은 자동화된 컨트롤 장치에 의해 조절된다.

뮤지컬

세상을 바꾸기 위해 필요한 건, 단 한 명의 천재 소녀.

초연_ 2010년 영국 스트라트포드 어폰 에이본 코트야드 극장Courtyard Theater, Stratford, UK, 2011년 런던 케임브리지 극장Cambridge Theater, London, UK

기획_ 데니스 우드Denise Wood, 안드레 자진스키Andre Ptaszynski

극본_ 데니스 켈리Dennis Kelly

작사 작곡_ 팀 민친Tim Minchin

연출_ 매튜 워슈스Mattew Warchus

영상 효과_ 폴 키예브Paul Kieve

조명 디자인_ 휴 밴스톤Hugh Vanstone

안무_ 피터 달링Peter Darling

원작_ 로알드 달Roald Dahl, 『마틸다Matilda』

대표곡_ 〈기적Miracle〉, 〈텔레비전Telly〉, 〈어른이 되면When I Grow Up〉, 〈아이들의 반항Revolting Children〉

네모난 구름이 둥둥 떠다니는 꿈속을 헤엄치고 온 듯한 기분이 느껴지는 이유는 어린아이들이 합창하는 희망찬 노랫소리 때문일까, 아니면 무대 가득 펼쳐지는 그네의 흔들림에 눈을 뗄 수 없었기 때문일까? 뻔뻔하고 대담하면서도 눈을 뗄 수 없도록 흥미로운 이야기를 풀어나가는 영국의 아동소설 작가 로알드 달의 작품들은 독특하고도 환상적인 문체로도 유명하지만, 유명 감독들의 손을 통해 동화적인 상상력이 가득한 작품으로 영화화되는 것으로도 잘 알려져 있다. 특히 그중 팀 버튼 감독은 로알드 달의 〈찰리와 초콜릿 공장〉, 〈제임스와 거대한 복숭아〉 등을 연출했는데, 로알드 달이 준비한 알록달록한 캔버스 위에 팀 버튼의 상상력 물감이 덧칠된 이 작품들을 지켜보고 있노라면 어린 시절로 돌아가 꿈속의 보물을 찾아나서는 듯한 기분 좋은 착각마저 느껴진다.

『마틸다』는 로알드 달의 14번째 동화로 부모와 사회로부터 인정받지 못하던 한 천재 소녀가 자신의 특별함을 알아봐주고 응원해주는 선생님을 만나 사랑을 받으며, 또 선생님의 고민을 특별한 능력으로 해결해주면서 세상을 아름답게 바꿔나간다는 내용의 작품이다. 2010년 뮤지컬화된 〈마틸다〉는 이듬해 2011년 Critics' Circle Theatre Awards, Theatre Awards UK 등 영국 내 연극 시상식의 각 부문을 휩쓸었으며, 2012년에는 로렌스 올리비에 어워드 10개 부문에 후보로 선정되어 7개 부문을 수상했고 이는 단일 작품이 거두어들인 최고의 기록으로 남아 있다. 브로드웨이 버전도 토니 어워드 13개 부문에 후보로 올라 5개 부문에서 수상하는 영광을 얻었다.

이처럼 뮤지컬 〈마틸다〉의 대성공은 참신한 각본과 흥겨운 노래, 어린아이들의 완벽한 연기와 군무 등 많은 요인으로 이루어졌는데, 여기에 무대 디자이너들의 공로를 빼놓을 수 없다. 형형색색의 사각 구조물들이 마치 퍼즐 블록처럼 교문으로, 의자로, 책상으로, 침대 머리맡으로 변하는 모습이나, 마틸다의 초능력이 이루어지는 장면, 그네를 타고 관객석을 향해 높이 날아오르는 장면 등 상상 이상의 놀라운 장면들이 마술과도 같은 기술로 구현되어 우리를 놀라게 만든다.

ACT 1

어느 날 웜우드 집안에 마틸다라는 여자아이가 태어난다. 세상에 다시 없을 귀엽고 총명한 아이였지만, 웜우드 부인의 유일한 관심사는 예정되었던 댄스 대회에 늦지 않을까 하는 걱정뿐이다. 웜우드 가족은 마틸다와는 사뭇 달랐다. 아버지는 중고차 매매업을 하는 사기꾼이고, 어머니는 오직 댄스와 외모 치장에만 관심 있는 허영덩어리이다. 마틸다가 가끔씩 발휘하는 천재적인 재능을 알아보고 그것을 키워주기는커녕 관심조차 없고, 아버지의 사랑을 독차지하는 오빠 마이클은 TV 앞을 떠날 줄 모르는 바보에 불과하다. 자신을 아들이라고 부르는 아버지와 공부와 독서는 끔찍하다고 생각하는 어머니를 보며 마틸다는 어린 나이지만 스스로 자신의 길을 찾아야 한다고 생각한다. 마틸다는 도서관에 다니며 궁금한 것들을 채워나가며 스스로 성장해나갔다. 도서관에서 만난 사서에게 자신이 꿈에서 본 내용을 이야기로 들려주며 상상력과 지혜를 키우고, 도서관의 수많은 책들을 섭렵하며 넓은 세상을 간접적으로 경험함으로써 지식을 다져나간다.

마틸다가 여섯 살이 되던 해에 웜우드 부부는 아이를 학교에 보내버린다. 무언가 이상한 분위기의 학교였지만 담임인 허니 선생님은 마틸다의 천재성을 알아보게 된다. 사명감에 불탄 그녀는 교장 트런치불에게 가서 마틸다를 상급반으로 보내 특별 관리를 해야 한다고 주장하지만 트런치불의 반응은 냉소적일 뿐이다. 트런치불은 학교 교장인데도 아이들을 역겨워한다. 양 갈래 머리를 하고 왔다며 아이들을 집어던지고,

잘못을 하면 독방에 감금하는 등 비합리적인 처벌을 내리며 어린아이들에게 온갖 행패를 저지르는 폭군이다. 하지만 허니 선생님은 마틸다를 진심으로 사랑하고 아껴주며 아이를 보호하기 위해 온갖 정성을 쏟는다.

ACT 2

트런치불 교장의 행패는 날이 갈수록 심해지고, 그 와중에 누군가가 트런치불의 물통에 도마뱀을 넣는 사건이 벌어진다. 분노한 트런치불이 미쳐 날뛰고 아이들이 겁에 질려있을 때, 마틸다는 생각만으로 물건을 움직이는 초능력을 발휘해 곤란한 상황을 넘기고 트런치불을 역으로 골탕 먹인다.

마틸다는 허니 선생님의 허름한 집에 방문해 그녀와 대화하던 도중, 자신이 예전에 꿈에서 보고 도서관 사서에게 들려준 비극적 이야기의 주인공이 바로 허니 선생님의 부모님이며, 허니 선생님의 이모인 트런치불 교장이 허니가 물려받은 모든 재산과 학교를 빼앗고 그녀를 학대했다는 사실을 알아차리게 된다. 이후 트런치불이 수업시간에 단어 철자 시험을 이용해 학생들을 위협하자, 마틸다는 초능력으로 허니 선생님의 돌아가신 아버지 유령 흉내를 내어 칠판에 메시지를 남겨 트런치불을 겁주고 멀리 쫓아버린다. 자유를 찾은 모든 아이들은 환호하고 즐거워하고, 허니 선생님은 자신의 집과 재산을 되찾고 학교의 교장 선생님이 됨으로써 아이들에게 사랑과 희망을 주게 된다.

그러던 중 갑자기 마틸다의 아버지로부터 사기를 당한 러시아 마피아가 그를 찾아와 처단하려 하지만, 마틸다의 유창한 러시아어를 듣고 그녀의 아버지를 용서하게 된다. 이후 마틸다의 아버지와 어머니는 여행을 계획하고 마틸다를 데려가려고 하는데, 허니 선생님이 마틸다를 자신이 맡아 키우겠노라고 제안한다. 마틸다 역시 좋아하며 허니 선생님과 살기로 마음먹고, 아버지는 처음으로 마틸다를 '딸(Daughter)'이라 부르며 멀리 떠난다. 허니 선생님과 마틸다는 나란히 걸어가다가 옆돌기를 하며 무대 뒤로 총총히 사라지고 공연은 막을 내린다.

(1) 네모의 꿈 : 스테이지 테크놀로지

네모난 침대에서 일어나 눈을 떠보면

네모난 창문으로 보이는 똑같은 풍경

네모난 문을 열고 네모난 테이블에 앉아

네모난 조간신문 본 뒤

네모난 책가방에 네모난 책들을 넣고

네모난 버스를 타고 네모난 건물 지나

네모난 학교에 들어서면 또 네모난 교실

네모난 칠판과 책상들

(중략)

주위를 둘러보면 모두 네모난 것들뿐인데

우린 언제나 듣지, 잘난 어른의 멋진 이 말

"세상은 둥글게 살아야 해"

지구본을 보면 우리 사는 지군 둥근데

부속품들은 왜 다 온통 네모난 건지 몰라

어쩌면 그건 네모의 꿈일지 몰라

1996년도 발표된 W.H.I.T.E.(유영석)의 대표곡 〈네모의 꿈〉의 가사이다. 이 노래에서 화자는 우리의 눈앞에 펼쳐진 수많은 네모난 것들에 대해 이야기한다. 지구는 둥근데 어째서 세상 모든 것들은 다 네모지게 생겼을까 궁금해하다가, 어쩌면 이 모두가 네모의 꿈일지 모른다며 노래를 마무리짓는다.

〈마틸다〉의 무대는 마치 이 세상이 네모의 꿈으로 이루어진 모습을 보여주는 듯하다. 마틸다가 노래하고 춤추는 곳으로 수많은 네모가 비처럼 내려와 쌓이기 시작한다. 그것들은 제멋대로 마구 합쳐지고 분리되며, 올라가고 내려와 그녀가 꿈꾸는 공간인 책상과 교문, 의자와 침대로 재탄생된다.

네모들이 가장 화려하고 역동적으로 등장하는 장면은 아마도 철제 교문이 알록달록한 색색의 알파벳 상자로 채워지는 〈School Song〉 부분일 것이다. 노래가사에 맞추어 알파벳 a부터 z까지 26개의 상자들이 거대한 철제 문의 사각형 공간을 차례대로 메운다. 이 장면은 노래가사, 안무, 조명이 완벽하게 조화를 이룬다. 학교를 감옥으로 표현하는

공연이 이루어지는 영국 웨스트엔드의 '케임브리지 시어터'의 무대는 비록 크거나 웅장하진 않지만, 알파벳이 적혀 있는 올망졸망한 색색깔의 나무판들이 마치 모자이크처럼 다닥다닥 붙어 무대를 가득 채운 광경은 장난스러우면서도 꿈 같은 몽환적인 분위기를 관객들에게 선사한다.

마틸다가 자주 찾아가는 도서관의 구조 또한 커다란 책장이 아닌 작은 네모상자들이 모자이크처럼 쌓인 구조물로 이루어져 있다. 이 구조물들이 바닥과 천장의 레일을 통해 좌우로 이동하며 도서관의 인테리어를 형성한다.

허니 선생님은 어린 시절 부모님을 여의고 낡은 헛간에서 살고 있다. 허니 선생님의 작은 보금자리를 이루는 것 또한 작은 네모 상자들이다.

마틸다의 방도 작은 네모상자들이 높이 쌓여 벽을 이루고 있는데, 내부 기계 장치를 통해 각각의 벽 부분들이 차례로 돌출되면서 키 작은 마틸다가 딛고 높이 올라가 책 선반에 앉을 수 있게 하는 계단이 된다.

뮤지컬 마틸다의 주된 배경은 학교인데, 무대 아래와 뒤에 승강 장치 및 레일이 마련되어 있어 네모난 책상과 의자가 올라오고 커다란 칠판이 등장한다. 이 책상 위에서 학생들은 공부를 하기도 하고, 트런치불 교장 선생님의 호령에 두려워하기도 하며, 그녀에 맞서 대항하기도 한다.

이 장면에서 덩치 큰 선배들은 1학년 신입생들을 향해 경고한다. "이 혼란스러운 곳에서 왕자나 공주처럼 행세할 수 있을 거라고 생각한다면 엄청난 오산이야. 이 비극을 벗어날 수는 없을걸. 벗어나려고 애써봤자 시간낭비일 뿐이야."

이 노래의 영어 원문 가사는 아래와 같다.

So you think you're able (A-ble)

To survive this mess by being a Prince or a Princess (B-ing)

You will soon see (C)

There's no escaping tragedy (trage-D)

마 틸 다

And even (E-ven)

If you put in heaps of effort (F-ort)

You're just wasting energy (ener-G)

위와 같이 발음되는 대로 부를 때 알파벳 a부터 z가 차례대로 등장할 수 있게 노래가사를 썼고, 무대 위에서는 철제 문 아래쪽부터 알파벳 블록들이 차례로 끼워 맞춰진다. 그때마다 조명은 알파벳을 비춰 관객들이 노래 내용과 무대 구성에 대해 이해할 수 있도록 배려했으며, 배우들은 돌출된 블록을 계단 삼아 문 위쪽까지 높이 올라간다. 배우들이 무대 위에서 직접 손으로 블록을 끼워 맞춰가면서 한 계단 한 계단 쌓아올려 연출된 이 장면은, 하나의 장면을 구성하기 위해 각 분야의 사람들이 배려하며 조화를 이뤄가는 것이 얼마나 중요하며, 얼마나 훌륭한 결과물을 도출할 수 있는지 보여주는 좋은 사례이다. 엄청난 기술도 대단한 장비도 사용되지 않았지만 모두의 기억에 남을 만한 명장면을 탄생시켰다. 만약 블록이 자동으로 등장하거나 영상으로 처리되었다면 원작과 같은 감동을 느끼기는 어려울 것이다.

(2) 그네의 꿈 : 스테이지 테크놀로지Batter Technology + 조명

막이 오르기 전 눈을 들면 'm, a, t, i, l, d, a'라는 나무판이 보인다. 일곱 개의 그네에 붙은 이 알파벳 나무판 구조물은 천장의 기계 장치에 연결되어 줄의 길이를 조절할 수 있도록 구성되어 있다. 사용되는 대수

및 줄 길이의 변화에 따라 무대의 상징적 장식물로도, 마틸다와 허니 선생님이 속 깊은 이야기를 나누는 공원으로도, 어린아이들이 꿈을 꾸는 그네로도 변화한다.

〈When I Grow Up〉이라는 곡에서 아이들은 다 같이 노래한다. 어른이 되면 키가 자라 지금은 나무를 타고 올라가야 겨우 닿는 나뭇가지도 어렵지 않게 만질 수 있고, 똑똑해져서 어떤 질문에도 대답할 수 있을 것이고, 힘이 세져서 무거운 것도 번쩍번쩍 들 수 있고, 침대 밑에 숨어서 피하던 괴물들과도 용기 있게 싸울 수 있을 테고, 일하고 오는 길에 매일 군것질하고 밤에 늦게 자고 해가 중천에 뜨면 일어나 하루 종일 만화를 봐도 괜찮을 것이다. 왜냐면 어른이니까, 라고……

사실 이 노래는 아이들의 꿈이지 지금을 살아가는 어른들의 현실은 아니다. 정작 어른들은 높이 달려 있는 나뭇가지에 굳이 닿으려 하지도 않고, 어떤 면으로는 아이들보다 더 어리숙하며 용기도 잃어간다. 다이 어트라도 하게 되면 힘도 없고 군것질도 마음대로 못한다. 늦게 자고 하루 종일 빈둥대는 것도 길어야 하루 이틀이다.

역으로 그런 이유에서 이 무대의 구성이 의미 있게 다가온다. 아이들이 순수하고 투명한 목소리로 어른이 되어 하고 싶은 것들을 노래하는 도중, 아이들이 성장한 모습을 한 배우들이 나타나 함께 그네를 타기 시작하고 더 높고 힘차게 발을 구르며 날아오른다. 어린 시절의 순수한 마음씨를 어른이 될 때까지 소중하게 간직하자는 희망찬 메시지를 노래하는 듯하다. 항상 어린아이의 편에서 어른들의 삐뚤어진 세상을 어린 아이들이 바로잡는 내용의 동화를 써온 원작자 로알드 달이 이 장면을 살아생전에 보았다면 참으로 흡족했을 것이다.

(3) 신비롭고도 순수한 분위기의 형성 : 조명 및 레이저

〈마틸다〉의 무대에는 총 16개의 레이저가 곳곳에 설치되었다. 과거에는 레이저 프로젝터가 너무 거대했기 때문에 하나의 무대에 이렇게 많이 설치하기 어려웠지만, 이제는 기기가 소형화되어 다양한 장소에서 다채롭게 활용할 수 있게 되었다.

〈마틸다〉의 레이저 효과를 담당한 노먼 발라드Norman Ballard는 '뉴욕 닷컴Newyork.com'과의 인터뷰에서 레이저에도 안무의 개념을 활용-ray-

마 틸 다

ography했다고 설명한다. 단순히 반짝거리는 효과만을 주는 것이 아니라 레이저 선의 움직임을 통해 감정과 장면의 변화를 이끌어냈다는 것이다. 뿐만 아니라 트런치불 교장의 계략으로 아이들이 학교 안에 갇히게 되는 장면에서는 연두색 레이저를 사방으로 쏘아 마치 〈미션 임파서블〉 등의 영화에서 도둑의 잠입을 막기 위해 설치해둔 레이저 넷Laser Net과 같은 장면을 무대 전체와 관객석 모두를 활용해 표현했다.

(4) 무대 위에서 구현된 초능력

생각만으로 물체를 움직일 수 있는 마틸다의 초능력은 폴 키예브Paul Kieve에 의해 마술처럼 구현되었다. 트런치불 교장의 물통에 도마뱀을 넣어 학생들이 혼나게 된 장면에서는 마틸다가 생각만으로 물컵을 쏟아

모두의 관심을 돌림으로써 위기를 모면하게 된다. 트런치불 교장이 허니 선생님에게 한 행적을 듣고 복수를 결심한 마틸다는 수업시간에 생각만으로 분필을 움직여 칠판 위에 트런치불 선생님에 대한 협박의 메시지를 쓴다.

뮤지컬 〈마틸다〉는 원작을 기반으로 극본, 무대 연출, 안무, 작곡, 작사, 조명 등이 매우 훌륭하게 조화를 이루었기에 그 작품성이 더 의미를 띤다. 상대적으로 최근에 만들어진 작품이기 때문에 다양한 첨단 특수효과들을 실험해볼 수 있었음에도 불구하고, 제작진들의 충분한 상의와 조율을 통해 적절하게 기술을 활용함으로써 무대와 스토리가 더 강조되었고, 결과적으로 기억에 남는 명작으로 완성될 수 있었다.

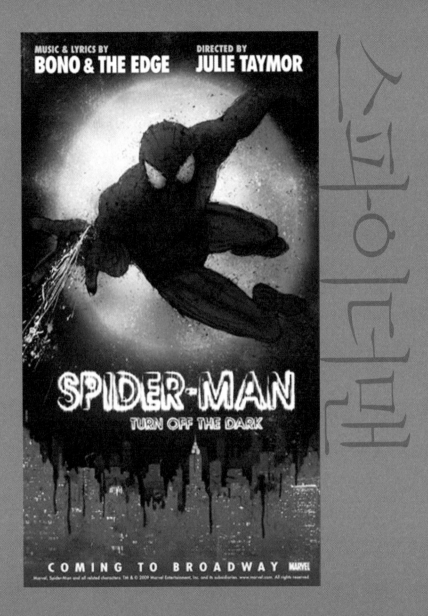

스파이더맨

만화책 속의 영웅이 눈앞에 등장해 적들을 무찌르는 통쾌하고 역동적인 무대.

초연_ 2010년 미국 브로드웨이

기획_ 줄리 테이머Julie Taymor

극본_ 줄리 테이머Julie Taymor, 글렌 버거Glen Berger, 로베르토 아귀르 사카사Roberto Aguirre-Sacasa

작사·작곡_ 그룹 U2의 보노와 엣지Bono and Edge from U2

무대 연출_ PRGProject Resource Group **대표** 프레드 갈로Fred Gallo

무대 디자이너_ 조지 시핀George Tsypin

원작_ 스탠 리, 스티브 딧코, 『스파이더맨』, 마블 코믹스

대표곡_ 〈하늘로 올라Rise Above〉, 〈나 같은 놈에겐 동료가 필요해A Freak Like Me Needs Company〉, 〈그냥 돌아설 수 없어Just Can't Walk Away(Say It Now)〉, 〈하늘에서 떨어진 소년Boy Falls From the Sky〉

가장 인간적인 영웅. 자신에게 주어진 힘에서 도망치지 않고 그것을 똑바로 직시하며 그에 따른 책임을 지는 용감한 영웅. '큰 힘에는 큰 책임이 따른다'라는 말을 신념으로 삼고 뉴욕 시내를 날아다니는 스파이더맨은 우리에게 가장 유명한 히어로 중 한 명이다. 사랑하는 가족들을 잃는 비극과 극심한 생활고, 사랑하는 애인과의 순탄치 않은 관계 속에서도 주어진 능력을 대의를 위해 사용하며 내면의 성장을 이뤄가는 이 캐릭터는 1962년 마블 코믹스에서 출판한 『어메이징 판타지 넘버 15Amazing Fantazy #15』에 처음 등장한 이후로 오랫동안 많은 사랑을 받아온 최고의 캐릭터라고 말할 수 있다.

이 친숙한 영웅을 스크린과 만화책 안에서 끄집어내어 우리의 눈앞

으로 데려온 뮤지컬 〈스파이더맨-턴 오프 더 다크〉는 세심한 엔지니어링과 새로운 기술의 활용을 고루 요하는 초대형 규모의 작품이다. 세계적 규모의 공연 기술 전문 회사 PRG가 무대 기술 구현을 주도했으며, 기술 개발 및 공연 제작에 7,500만 달러가 투자되는 등 브로드웨이 공연 역사상 가장 많은 제작 비용이 투입되었다. 기술의 발달로 인해 무대 위에서 구현할 수 있는 장면의 폭이 넓어짐에 따라 〈스파이더맨〉과 같은 히어로물을 뮤지컬 무대로 옮겨올 수 있는 가능성 또한 증가하고 있다. 어마어마한 제작 규모와 초호화 무대 기술 뒤에는 비록 감독 교체, 스태프 문제, 잦은 인명사고, 무대 붕괴 등 많은 이슈들이 따르기도 했지만, 이 작품이 뮤지컬의 향후 소재 다양화와 시각 효과 발달에 영향을 주는 또 하나의 초석이 될 것임은 분명해 보인다.

특 징
-
플라잉
테크놀로지의 정수

초창기 플라잉 테크놀로지는 대부분 한 개의 와이어로 운영되었으나, 안정성 부족과 행동의 제약 문제로 두 개의 와이어를 허리춤에 장착하는 것이 일반화되었고, 이로써 공중 회전이 가능해졌다. 이후 두 줄의 와이어 위에 또 하나의 파이프를 연결하면서 회전축의 개수가 늘어남으로써 공중에서 더 다양한 움직임을 자유롭게 구현할 수 있게 되었다. 특히 뮤지컬 〈스파이더맨〉에서는 두 개의 와이어 외에도 복부에 추가 와이어를 달아 총 네 개의 와이어와 네 개의 윈치 모터를 통해 무대에서 객석 2층까지 단번에 날아오는 놀라운 장면을 연출했다. 스파이더맨이 착지한 지점은 2층 객석 앞의 조그마한 공간으로, 이는 낙하산을 타고 내려오는 공수부대 대원이 지정된 위치의 중앙 과녁에 정확히 착지하는 정도의 고난도 기술이다. 가속과 감속, 착지는 플라잉 기술의 정수이다. 그 좁은 공간에 정확하고 가벼운 몸놀림으로 착지할 때, 관객석에서는 일제히 굉장한 탄성이 흘러나온다.

과녁을 정확히 맞힌다는 것은 정교함을 요하는 대단한 능력이다. 양궁과 사격은 수십 미터 떨어진 과녁의 중앙에 1밀리미터라도 더 가깝게 맞힌 사람에게 메달을 수여하고, 볼링은 정확한 지점을 향해 공을 굴려야 10개의 핀을 모두 쓰러뜨릴 수 있으며, 골프는 목표 홀까지 조금이라도 적은 타수로 도달하는 사람이 승리하는 운동이다. 하늘을 날던 새가 작은 한쪽 발만 겨우 올릴 수 있을 정도로 좁고 뾰족한 나뭇가지에 앉는 모습을 보면 그 정확성과 주저 없음에 감탄하게 된다. 무대에서 빠른 속도로 날아와 2층 객석 앞 작은 공간에 정확하게 안착하는 스파이더맨을 바라보는 관객들의 눈은 마치 정교할 정도로 아름다운 스포츠나 말로 설명하기 힘든 자연의 신비를 보는 듯 놀라움으로 반짝인다.

기존 무대에서 플라잉 테크놀로지를 통해 무대에서 객석으로 나왔다 들어가는 정도의 공간 활용을 보였다면, 뮤지컬 〈스파이더맨〉은 극장 전체를 활용하는 과감한 시도를 했다는 점이 큰 특징이다. 이는 뮤지컬 공연에서는 첫 사례인 것으로 보이며, 향후 다양한 뮤지컬에 적극 활용될 수 있을 것으로 보인다.

스 파 이 더 맨

ACT 1

　뉴욕 퀸즈의 고등학생 피터 파커는 착하고 영리한 모범생이다. 그는 요즘 아라크네(고대 그리스 신화의 베 짜는 거미)에 관한 레포트를 작성하느라 골머리를 앓고 있다. 그 와중에 갑자기 무대 뒤편에서 아라크네가 나타나 관객들에게 그녀의 신화 이야기를 천천히 들려주며 피터의 운명을 암시한다. 여느 고등학교와 마찬가지로 플래시 톰슨과 그의 패거리들은 모범생들을 괴롭히는 것에 취미를 붙인 악동들이다. 피터 역시 그들의 먹잇감으로 힘든 나날을 보내고 있었지만, 피터의 학교 생활의 유일한 버팀목이자 즐거움은 이웃에 살고 있는 퀸카 메리 제인 왓슨을 짝사랑하는 것이다. 하지만 눈부시게 빛나는 그녀에게도 어두운 면은 있는 법, 피터가 비록 부모님은 돌아가셨지만 큰아버지 벤과 메리 고모의 사랑을 받으며 자란 반면, 그녀는 폭력적인 아버지 밑에서 고통을 받으며 자라온 불쌍한 아이다. 어느 날 피터가 반 친구들과 과학자 노먼 오스본의 유전공학 연구소에 견학을 갔던 것이 피터의 운명을 완전히 바꿔놓았다. 연구소에서 유전자 조작 거미들이 탈출하면서 피터를 물어버리고, 그는 거미의 엄청난 힘과 근육질의 몸을 가지게 된다. 먼 곳도 코앞처럼 보이는 시력과 손목에서 나가는 거미줄은 그를 완전히 다른 존재로 탈바꿈시키고 새로운 운명을 부여했다. 힘이 생기면 사용을 하고 싶은 법이다. 그는 학교에서 자신을 괴롭히던 플래시 패거리를 박살내버리고, 메리 제인을 유혹하기 위한 새 차를 사려고 레슬링 토너먼트에 나가 1천 달러의 상금을 얻기도 한다. 하지만 그는 차를 훔치는 도둑을 무심코 그냥 보내버리고, 그 도둑은 벤 삼촌을 총으로 쏴 죽인다. 분노와 후회에 가득 찬 피터는 끝없이 괴로워하면서 결심한다. 내가 얻은 힘은 괜히 주어진 것이 아니다. 큰 힘에는 큰 책임이 따른다. 이 힘을 정의로운 곳에 사용하리라. 피터는 거미 아라크네의 모습을 상상하며 복장을 만든다. 빨간색은 죄 없는 자들의 피, 파란색은 위험에 처한 시민들의 공포를 나타낸다. 그리고 '스파이더맨'이라는 이름으로 범죄와 싸우기 시작한다. 더불어 메리 제인과의 사랑 또한 이루어져 행복한 나날을 보낸다. 그 와중에 노먼 오스본은 연구 성과를 내놓으라는 압박 속에서 스파이더맨의 힘이 자신의 연구 결과에서 나온 것이라 생각하고, 스스로를 실험체로 사용하기로 마음먹는다. 하지만 실험은 잘못되고 정신 나간 돌연변이인 그린 고블린이 되어버린 노먼은 분노의 절규를 내지른다.

ACT 2

그린 고블린은 자기 말고도 여섯 명의 악당을 변형시켜서 도시를 혼란에 빠뜨리려 하지만, 스파이더맨이 그들을 막아낸다. 그러자 고블린은 전략을 바꿔 신문사에 찾아가 스파이더맨이 사실은 자기와 같은 악당이라는 흑색 선전을 펼친다. 언론의 비방과 금전적인 문제에 시달리던 피터는 밤마다 스파이더맨이 되는 것이 자신의 인생을 망치고 있음을 느꼈다. 설상가상으로 메리 제인과의 사이까지 틀어지자 스파이더맨 활동을 중지하고 자신의 인생을 되찾으려 한다. 하지만 그린 고블린이 사람들을 위협하고 도시를 공포에 빠뜨리자, 피터는 스파이더맨의 능력이 개인의 안녕을 위해 주어진 힘이 아니며 자신에게 모든 사람들을 지켜야 하는 의무와 사명이 있다는 사실을 깨닫고 스파이더맨으로 돌아온다. 그린 고블린은 빌딩 꼭대기에서 피아노를 치며 스파이더맨과의 일전을 준비한다. 뉴욕을 넘어 전 세계를 지배하고자 하는 그린 고블린에게 스파이더맨은 양립할 수 없는 방해물인 셈. 스파이더맨이 빌딩에 도착하고 그린 고블린과 싸움을 시작한다. 하지만 그들은 우연히 서로가 누구인지를 알게 된다. 온화한 노먼 오스본이 그 악랄한 그린 고블린이었다는 사실은 피터에게 큰 충격을 준다. 하지만 이미 너무 멀리까지 가버린 그들은 각자의 신념과 야망을 위해 죽을힘을 다해 맞서 싸우고, 마침내 스파이더맨은 그린 고블린을 피아노에 거미줄로 묶어버린 채 빌딩 바깥으로 내던져버린다. 악당을 물리치고 자신의 사명을 발견한 피터는 메리 제인에게 자신의 정체를 밝히고 이해해줄 것을 부탁한 다음, 자신의 미래를 향해 거미줄을 타고 날아간다.

기 술 적 용 사 례
-

〈슈퍼맨〉이나 〈스파이더맨〉, 〈아이언맨〉 등 히어로물을 좋아하는 사람이라면 누구나 마블 코믹스와 DC 코믹스에 대해 들어본 적이 있을 것이다. 각각 워너 브라더스와 디즈니 소속의 출판사로 슈퍼 히어로계의 양대 산맥이라 할 수 있다. 여기에 등장하는 수많은 히어로들은 각각 많은 능력을 갖고 있다. DC 코믹스의 슈퍼맨은 초능력을 주 무기로 사용하며, 배트맨은 막강한 자본력과 우수한 두뇌를 바탕으로 자신이 발명한 도구들을 주 무기로 사용한다. 원더우먼은 슈퍼맨과 맞설 수 있는 몇 안 되는 여성 히어로로 마법 계열의 무기를 다룬다. 마블 코믹스의 최강자는 어벤저스의 영원한 대장 캡틴 아메리카로, 정식 전투 군사 훈련을 기반으로 한 무술과 세계 최강의 방패를 주 무기로 삼는다. 토니 스타크라는 이름으로도 잘 알려져 있는 아이언맨은 파워 슈트를 장착함으로써 비행 능력과 강력한 힘을 갖게 된다. 스파이더맨은 방사능 거미에게 물려서 얻게 된 초능력과, 피터 파커의 과학적 재능을 바탕으로 만든 도구(거미줄 발사에 활용되는 웹 슈터)를 활용하는 등 초능력과 도구의 힘을 접목시킨 캐릭터이다(이는 만화 속 설정이며, 뮤지컬에서는 이 능력이 모두 거미에게 물린 후 주어진 것으로 묘사되고 있다).

뮤지컬 〈스파이더맨〉 무대에서는 이러한 스파이더맨의 다양한 능력을 표현하기 위해 여러 가지 기술들을 활용했다.

(1) 거미줄 대신 와이어를 달다 : 플라잉 테크놀로지

손을 뻗어 거미줄을 발사해 이를 밧줄처럼 활용하며 건물 사이를 빠르게 이동하거나 적을 잡는 올가미처럼 사용하는 기술은 스파이더맨의 상징이라고 할 수 있는데, 뮤지컬 〈스파이더맨〉에서는 공간의 제약을 극복하고 공연장 전체를 무대로 만들어 스파이더맨이 거미줄을 이용해 실제로 날아다니는 모습을 재현한 27번의 플라잉 장면이 연출된다.

몸에 네 개의 와이어를 단 스파이더맨이 매우 빠른 속도로 무대 사이사이를 날아다니는데, 이는 플라잉 기술과 더불어 여러 명의 스턴트

공중에서 고블린과 싸우는 스파이더맨의 모습.

악당들을 향해 공중에서 거미줄을 쏘는 스파이더맨의 모습.

로봇, 뮤지컬을 만나다

맨을 기용한 눈속임으로 구현한 장면이다. 공연이 끝나면 무대 위에 주인공 1명과 얼굴이 드러나지 않는 10여 명의 액션 스파이더맨이 등장한다. 스파이더맨이 공연장 구석구석을 종횡무진 날아다닐 수 있는 이유는 이렇게 여러 명의 스파이더맨이 있었기 때문이다.

(2) 벽 타기 능력 대신 벽을 옮겨오다 : 프로젝션 테크놀로지 + 스테이지 테크놀로지

빌딩을 기어오르는 장면에서 프로젝션 맵핑을 통해 건물과 배경을 구현하고, 크라이슬러 빌딩의 모형이 바닥에서 위로 천천히 펼쳐지게 만들고, 무대 정면에 도시의 거리를 투사하고 무대 바닥에는 빌딩 영상을 투사함으로써 관객들이 빌딩 아래를 내려다보고 있는 듯한 느낌이 들도록 연출했다. 크라이슬러 빌딩이 접혀 있는 상태에서는 수직으로 아래를 향해 반으로 접혀 있는데, 그 거대한 구조물이 날아오르며 움직이기 시작하면서 관객석 네 번째 줄까지 닿을 정도로 넓게 펴진다. 이러한 장면의 전환은 관객들의 시야와 관점을 바꾸어 마치 관객들이 크라이슬러 빌딩 꼭대기에서 건물 아래를 바라보는 듯한 느낌을 갖게 만든다. 장관이 펼쳐진다.

〈스파이더맨〉은 철저히 뉴욕을 배경으로 하고 있다. 뉴욕을 가본 적이 없는 사람이라도 뉴욕 한복판을 걸어가고 있는 듯한 느낌이 들도록, 그러나 이전까지 그 누구도 경험할 수 없던 관점에서 뉴욕을 바라볼 수 있도록 노력했다는 뮤지컬 〈스파이더맨〉의 무대 디자이너 조지 시핀은

그 누구도 경험할 수 없던 관점에서 바라본 뉴욕의 밤거리 장면.

놀라운 결과를 창조해낸 것으로 평가된다.

뉴욕 브로드웨이 폭스우즈 극장에서 뉴욕을 배경으로 한 뮤지컬 〈스파이더맨〉을 보고 극장 밖으로 나오면 뉴욕의 상징 타임스퀘어가 눈앞에 펼쳐진다. 극장에서의 경험이 현실과 교차하며 익숙했던 장면들이 새롭게 펼쳐지고, 관객들은 새로운 즐거움을 발견하게 될 것이다.

〈스파이더맨〉 무대를 구현하는 데 주요하게 사용된 또 하나의 기술은 수직 회전판Vertical Turning Table인데, 무대 뒤쪽에 수직으로 세워진 원형 판 위에는 빌딩 숲을 아래에서 위로 쳐다봤을 때의 압도적인 장면이 펼쳐지고, 회전하는 판 위로 스파이더맨이 날아다니며 실제 빌딩 숲 사이를 빠른 속도로 이동하는 듯한 효과가 구현된다.

무대 기술자들이 시티 레그City Leg라고 부르는 조형물 또한 눈여겨봐야 할

시티 레그를 통한 플립Flip 장면 전환.

기술이다. 네 개의 긴 사다리꼴 조형물이 무대 위에 위치해 있는데, 이것은 도시의 영상들이 펼쳐지는 약 2.5미터×10미터 크기의 LED 패널들이다. 각각의 패널들은 독립적으로 움직이고 좌우뿐 아니라 45도까지 기울어지는데, 이를 통해 도시의 광경이 다이나믹하게 펼쳐진다. 패널 위에 검은색 리어 프로젝션 스크린을 씌워 LED 영상이 부드럽게 표현될 수 있게 했다.

이뿐 아니라 마치 접혀 있던 종이가 펼쳐지듯 구조물들이 앞뒤좌우로 움직이며 지속적으로 새로운 장면들을 연출해낸다. 무대 아래에서 기구가 솟아오르거나 이동하는 등의 기술은 기존의 무대에서도 자주 사용되었던 기술이지만 눕혀 있던 구조물이 서서히 일어나거나 각도가 자유자재로 조정되어 종이접기를 하듯 지속적으로 새로운 장면들이 펼쳐지는 기술은 새로운 시도로 브로드웨이에서 무대 기술의 흐름을 바

스 파 이 더 맨

접혀 있던 종이가 펼쳐지듯 퍼즐처럼 짜맞춰지는 무대를 활용해 주인공이 다니는 고등학교의
교문 장면에서 교실 장면으로 순식간에 전환되었다.

꿀 새로운 초석이 될 것이라 판단된다.

일반적인 브로드웨이 뮤지컬에서는 15개에서 20개의 오토메이션 효과를 사용하고, 초대형 무대의 경우 약 50개의 오토메이션 효과를 사용하는데, 〈스파이더맨〉 무대에서는 PRG의 독점 기술인 스테이지 커맨드 시스템 윈치Stage Command System(SCS) winches를 포함한 총 145개의 오토메이션 디바이스가 활용되었다. 무대를 보고 나면 작품에 투자된 엄청난 규모의 자본과 기술이 온몸으로 느껴질 정도로 공연장 전체가 역동적인 기술로 가득 차는 것을 알 수 있다. 투자액 회수에 대한 우려가 많지만, 연일 지속되는 매진 사례와 관람객들의 만족도로 볼 때 그러한 우려는 곧 불식될 수 있을 것이라 생각한다. 그리고 무엇보다도 향후 뮤지컬 무대에 대한 새로운 비전을 제시해주었다는 점에서 뮤지컬 〈스파이더맨〉은 좋은 평가를 받아 마땅하다.

알라딘

마법의 양탄자를 타고 무대 위를 날다!

초연_ 2011년 미국 시애틀 5번가 극장5th Avenue Theatre, Seattle, US,
2012년 미국 세인트루이스 뮤니 극장Muny Theatre, St. Louis,
US, 2013년 캐나다 토론토 애드 머비쉬 극장Ed Mirvish Theatre,
Toronto, Canada, 2014년 미국 브로드웨이 뉴 암스테르담 극장New
Amsterdam Theatre, New York, US

기획_ 디즈니DisneyOnBroadway

연출·안무_ 케이시 니콜라Casey Nicholaw

극본_ 차드 베굴린Chad Beguelin

작사_ 차드 베굴린Chad Beguelin, 하워드 아시만Howard Ashman, 팀 라이
스Tim Rice

작곡_ 앨런 멘켄Alan Menken

무대 디자인_ 밥 크롤리Bob Crowley

의상_ 그렉 바네스Gregg Barnes

일루전 디자인_ 짐 스텐마이어Jim Steinmeyer

원작_ 디즈니 애니메이션 〈알라딘Aladdin〉(1992)

주요곡_ 〈아라비안 나이트Arabian Night〉, 〈나 같은 친구Friend Like Me〉,
〈새로운 세상A Whole New World〉

갑자기 우리 앞에 푸른색의 익살맞은 요정이 나타나 우리를 마법의 양
탄자 위로 안내한다. 수많은 불빛이 번쩍이고 화려한 의상과 매캐한 마
법의 연기가 우리를 사로잡는다. 브로드웨이의 시원한 밤하늘을 가로지
르며 허공 위에 아그라바의 궁전을 그려내는 이 작품은 동명의 애니메
이션을 원작으로 하는 디즈니의 야심작으로, 연출진과 제작진 모두 토

니 상 및 오스카 상을 여러 번 수상한 경력이 있는 핵심 멤버들로 구성되어 있다.

150만 달러의 제작비는 화려하고 이국적인 술탄 왕궁과 생동감 있는 시장의 풍경, 지니를 만나는 비밀의 동굴, 그리고 마법의 양탄자가 날아다니는 환상적인 무대를 만드는 데 아낌없이 투자되었다. 350여 명의 배우가 입는 옷들은 136개의 서로 다른 디자인으로 총 337벌이 수작업을 통해 제작되었고, 1125종류의 원단과 712가지 비즈 장식이 더해졌다. 배경에 쓰이는 걸개 그림의 무게는 자그마치 20톤에 달한다. 이런 이국적이고도 꿈같은 무대 위에서 알라딘과 지니는 관객들을 아그라바의 환상적인 세계로 초대한다. 의상의 그렉 바네스, 무대 디자인의 밥 크롤리는 디즈니와 오랜 기간 호흡을 맞춰온 베테랑 스태프들답게 추억 속의 애니메이션을 완벽하게 재현하는 것을 넘어서 새롭고 다채로운 볼거리를 선사한다. 알라딘과 자스민이 탄 마법의 양탄자가 별이 촘촘히 수놓아진 밤하늘을 미끄러지듯 날아다니는 것을 눈앞에서 보는 감동은 오로지 뮤지컬 무대에서만 느낄 수 있는 아름다운 마법일 것이다.

특징 1
−
**기술,
마술이 되다**

뮤지컬 무대에서는 종종 마술의 기법을 빌리기도 하는데, 예를 들어 〈미녀와 야수〉에서 야수가 왕자로 변신하는 장면은 짐 스텐마이어의 기술로 구현되었다. 그만큼 마술사들의 마술 기계는 아주 정교하고 놀랍도록 디테일하기 때문이다. 이는 결국 뮤지컬 무대 기술이 단순한 테크놀로지 수준에 머무르는 것이 아니라, 실제 마술과 같은 정교한 눈속임과 치밀한 계산, 참신한 아이디어가 융합되어야만 위화감을 조성하지 않고 관객들의 무의식 속에 부드럽고 자연스러운 극적 감정을 전달할 수 있다는 뜻이기도 하다. .

무대에서 테크놀로지를 활용해 표현 효과를 극대화시키는 모든 행위는 결국 기술의 결정체인데, 연출의 의도대로 완벽히 표현되기 위해서는 한 치의 오차도 없는 정교한 디테일에 모든 집중을 쏟아야 한다.

〈알라딘〉의 뮤지컬화 소식을 들은 많은 사람들은 가장 먼저 '과연 마법의 양탄자가 어떻게 하늘을 날아다니게 될까?'라는 궁금증을 떠올렸을 것이다. 실제로 무대에서 양탄자는 공중부양을 했으며 그 장면은 기술적으로 무척 안정적이어서 흡사 마술 같아 보였다. 일반적인 개념으로라면 양탄자가 흔들리고 양탄자를 탄 배우들이 어딘가 부자연스러워야 하는데, 생각 외로 대단히 편안해 보였다. 로봇 팔로 양탄자를 부양시키고 보이지 않게 구동시켰다는 설이 가장 유력하지만, 그 움직임은 역시나 매우 정교하고 훌륭하기 때문에 차라리 마법이라고 믿고 싶은 심정이다. 제작진이 어떤 기술을 사용했는지 지금은 정확히 알 수 없지만, 결국은 극도의 치밀함이 일구어낸 디테일의 승리이다.

이매지니어Imagineer. 상상을 뜻하는 '이매진Imagine'과 공학자를 뜻하는 '엔지니어Engineer'가 연상되는 이 단어는 바로 짐 스텐마이어의 직업이

특 징 2
–
짐 스텐마이어,
마술사들의
마술사가
만들어낸
마법의 양탄자

다. 짐 스텐마이어는 마술을 디자인하고, 이를 표현할 수 있는 특수 무대 장치를 고안한다. 〈뉴욕 타임스〉에서는 그를 일컬어 "보이지 않는 유명인사, 디자이너이자 많은 스테이지 마술사들의 브레인celebrated invisible man, designer and creative brain behind many of the great stage magicians"이라고 입을 모아 극찬한다. 그가 고안한 놀라운 마술 트릭들은 더그 헤닝스, 데이빗 카퍼필드, 리키 제이 등 전 세계 유명 마술사들의 무대에서 사용되었다. 뿐만 아니라 상상력을 동원한 트릭을 〈미녀와 야수〉, 〈인 투 더 우즈〉, 〈오페라의 유령〉, 〈메리 포핀스〉 등의 뮤지컬 무대 위에서 선보임으로써 관객들의 경악과 탄성이 터져나오게 만들었다.

뮤지컬 〈알라딘〉은 아카데미 상을 수상한 검증된 애니메이션 원작 위에 화려한 의상과 배경이 어우러져 활력이 가득한 작품이다. 여기서 주목해야 할 점은 마법의 양탄자의 연출 방법이다. 2011년 시애틀 초연 버전을 비롯하여 캘리포니아 애너하임의 디즈니랜드 리조트에서 공연되고 있는 버전 등에서는 모두 양탄자의 네 귀퉁이에 와이어를 달아 하늘을 날게 했다. 짐 스텐마이어는 기존 버전에서 사용되던 일반적 기술들을 가능한 한 많이 적용하여 무대를 디자인했으나 마법의 양탄자 표현만은 달라야 한다고 생각했다. 하늘 위의 양탄자가 방향을 돌려 이동하게 되면 양탄자를 지지하던 와이어는 필연적으로 알라딘과 자스민의 얼굴을 스쳐가며 관객의 몰입을 방해하게 되고, 이와 동시에 신비로운 마법의 주문이 깨져버린다는 것이다.

짐 스텐마이어는 기존의 틀을 깨는 새로운 방식을 취했고, 결과는 말 그대로 숨이 막힐 정도로 아름다웠지만 와이어 없이 양탄자를 날게 하는 방법은 철저히 비밀에 부쳐지고 있다. 사실 우리 모두는 알고 있다. '알고 보면 쉬운' 마술사의 트릭이 밝혀지면 오히려 맥이 빠진다는 것을. 마법의 양탄자가 선사한 아름다운 마법에 대해서는 슬쩍 모른 척하고 넘어가도 괜찮지 않을까? 이 신비한 환상을 스스로의 손으로 깨뜨릴 필요는 없지 않은가.

ACT 1

알라딘은 세 명의 친구들과 거리에서 떠돌아다니며 음식을 훔치는 들쥐 같은 인생을 살고 있다. 하지만 그는 항상 더 넓은 세계를 여행하는 꿈을 품고 있다. 어느 날 알라딘은 자신의 운명을 바꿀 한 명의 여자를 만난다. 매일 결혼을 강요하는 아버지인 술탄의 성화를 못 이기고 평상복으로 갈아입고 몰래 궁전을 빠져나온 공주 자스민과 마주치게 된 것이다. 알라딘은 그녀가 공주라는 사실은 꿈에도 몰랐지만 곧 그녀의 매력에 빠져들고 급속도로 가까워지게 된다.

그러나 그들의 짧은 사랑은 도시의 수상 자파에 의해 찢어진다. 자파는 호시탐탐 왕좌를 넘보면서 자신에게 거대한 힘을 안겨줄 '기적의 동굴' 안에 있는 마법의 램프를 노리는 중이었다. 하지만 그 기적의 동굴 안에 들어갈 수 있는 자는 오로지 자격을 갖춘 사람뿐이고, 자파는 마법을 통해 그 자격을 갖춘 사람이 알라딘이라는 사실을 알고 있었던 것이다. 꿈결 같은 시간을 보내던 알라딘과 자스민은 자파가 보낸 병사들에 의해 궁전으로, 그리고 감옥으로 각각 끌려간다. 알라딘을 잡아온 자파는 알라딘에게 자기 대신 기적의 동굴에 들어가 마법의 램프를 가져오라고 말하면서 다만 그곳에 있는 어떠한 것도 손을 대서는 안 된다고 경고한다. 알라딘은 램프를 찾았지만 그의 눈을 뺏은 것은 산더미 같이 쌓인 금화 더미. 알라딘이 경고를 까맣게 잊어버리고 금화를 집자 동굴은 그 입구를 닫아 알라딘을 가둬버린다.

동굴의 어둠 속에서 쪼그려 있던 알라딘이 마법의 램프를 무심코 문지르자 램프의 요정 지니가 튀어나온다. 지니는 자신이 세 가지 소원을 들어줄 수 있다고 말하는데, 그 소원 세 가지 중 마지막 한 가지를 지니 자신을 자유롭게 하는 데 사용해줄 수 있겠느냐고 묻는다. 알라딘은 흔쾌히 대답하고, 자스민을 얻기 위해 돈 많고 부유한 왕자로 변할 수 있도록 지니에게 첫 번째 소원을 말한다.

ACT 2

'알리'라는 이름의 왕자가 된 알라딘은 광대 행렬과 퍼레이드를 앞세우고 도시의 거리를 화려하게 걸어온다. 그는 술탄에게 자스민을 아내로 맞게 해달라고 말하지만, 자스민은 그가 흔하디흔한 얼간이 왕자 중 하나라고 생각하고 가볍게 무시해버린다. 상심한 알라딘에게 자파는 몰래 공주의 침실 위치를 알려주고 알라딘은 마법의 양탄자를 이용해 공주의 침실 발코니로 찾아가 자신이 그 알라딘이며 공주를 만나기 위해 이런 모습으로 찾아온 것이라 고백한다. 자스민과의 시간을 보내고 키스를 남긴 채 헤어진 알라딘을 자파의 병사들이 공주의 침실을 침범한 죄로 감옥에 집어넣지만, 그는 지니의 두 번째 소원을 사용해 감옥을 빠져나온다.

한편 알라딘의 마술 램프를 훔쳐낸 자파는 술탄이 백성들에게 알라딘을 공주의 남편으로 소개하는 자리에서 왕자 알리가 사실은 거리에서 음식을 훔치고 돌아다니던 도둑 알라딘임을 밝혀버린다. 그리고 훔쳐낸 램프의 세 가지 소원의 힘을 사용해 공주를 자신의 포로로 만들고 왕위를 빼앗아버린다. 자파는 이 램프의 요정이 가지고 있는 무한한 힘을 완전한 자기 것으로 만들고 싶어 했고, 마지막 소원으로 자신을 램프의 요정이 되게 해달라 말한다. 하지만 요정으로 변하자마자 램프는 자파를 끌어들여 가둬버리고 만다.

램프를 되찾은 알라딘은 자신의 마지막 소원을 지니에게 자유를 주는 데 사용하고, 자스민에게 자신의 온전한 모습인 '알라딘'으로 다시금 다가선다. 술탄은 공주가 원한다면 왕자가 아니라 그 누구라도 결혼할 수 있도록 허락함으로써 그 둘은 행복한 결혼식을 올린다. 결혼식이 끝나고 서로의 눈을 바라본 알라딘과 자스민은 지니와 함께 마법의 양탄자에 올라타 행복한 휴가를 떠난다.

(1) 마법의 양탄자를 타고 떠나는 여행 : 플라잉 테크놀로지 + LED 테크놀로지

Any sufficiently advanced technology is indistinguishable from magic.

"충분히 발달된 기술은 마법과 구분되지 않는다"는 영국의 발명가이자 미래학자, 『2001 스페이스 오디세이』의 작가인 아서 찰스 클라크 경의 말처럼, 충분히 발달된 기계, 영상 기술들은 시나리오 및 연출력과 합쳐져 무대 위에서 놀라운 마법을 만들어내고 있다. 〈알라딘〉의 마법 양탄자는 그 좋은 사례이다. 1부가 지니 역의 제임스 먼로 아이글하트 James Monroe Iglehart가 선사하는 흥겨운 원맨 마법쇼였다면, 2부의 백미는 마법의 양탄자를 탄 아름다운 남녀가 지저귀는 사랑의 속삭임이라 할 수 있다. 많은 이들이 아무런 장치의 도움 없이 하늘 위를 날아다니는 마법 양탄자의 정체에 대해 궁금해하지만, 제작팀은 그 연출 기법을 철저한 비밀에 부치고 있다. 한편 〈알라딘〉의 일루젼 디자인을 담당한 짐 스텐마이어의 인터뷰를 통해 그 기술적 배경을 가늠해볼 수 있다. 〈배니시라이브VanishLive〉와의 인터뷰에서 언급한 바에 의하면 뮤지컬 〈알라딘〉에는 완전히 새로운 기술이 사용되지 않았으며 초연 당시의 기술을 거의 그대로 도입해왔으나, 양탄자 장면에서만큼은 장면의 극적 효과를 위해 5년 전이라면 불가능했을, 하지만 꽤나 고전적인 눈속임 방식을 이용했다고 전한다. 살짝 비밀의 장막을 들춰내보자면, 이와 같은 인터뷰 내용과 실제 뮤지컬에서 양탄자의 안정적인 움직임으로 미루어보아 아마도 큰 하중을 견딜 수 있는 안정화된 로봇 팔을 이용해 무거운 카페트를 움직이고, 기울기와 회전에 대응할 수 있는 액추에이터를 장착하여 흔들림 없이 안정된 움직임을 구현한 것으로 보인다. 뮤지컬 〈찰리와 초콜릿 공장〉에서는 작품의 상징인 유리 엘리베이터 장면에서 위와 같은 기술을 활용해 엘리베이터 세트가 아무런 와이어 장치 없이 무대 위를 날아다니도록 표현했다.

알 라 딘

한편 향후 위와 같은 장면을 구사할 수 있는 기술로 비행형 로봇, 드론이 부상하고 있다. 실제로 〈태양의 서커스〉 팀에서는 2014년 9월 새로운 작품 〈스파크드SPARKED〉의 영상을 발표했는데, 영상에서는 밝게 빛나는 조명등의 갓이 분리되며 하늘 위를 날아다니고, 사람의 움직임에 따라 상하좌우 회전운동을 자유롭게 하며 군무를 선보이는 듯한 장면이 연출된다. 이는 컴퓨터 그래픽 이미지가 전혀 사용되지 않은 실제 촬영 장면이라고 한다.

이 장면을 위해서는 날개가 4개 달린 초소형 쿼드콥터(드론)가 사용되었으며, 정교한 비행 컨트롤 능력과 배우의 연기가 잘 어우러져 완벽한 인터랙션이 연출되었다. 드론을 활용하면 공중이나 해저의 장면, 상상이나 꿈속의 장면 등 비행 기술이 필요한 모든 장면들을 높은 자유도로 연출할 수 있게 된다. 드론은 군사, 보안 등의 영역에 활용도가 높아 다방면에서 연구가 활발히 이루어지고 있고, 그 활용 범위는 갈수록

넓어져 뮤지컬을 비롯한 공연에서도 점차 사용되기 시작하는 추세이다. 정교한 컨트롤 능력과 엔진의 무게 및 효율, 진동 및 소음 컨트롤에 대한 연구가 병행된다면 공연 무대에서도 널리 활용되어 연출자에게는 무한한 표현의 가능성을, 관객에게는 꿈 같은 시각적 판타지를 제공할 수 있을 것이다.

(2) 지니의 등장 : 스테이지 테크놀로지

요술램프를 비비면 펑! 하는 소리 그리고 매캐한 연기와 함께 지니가 나타난다. 마술과도 같은 이 장면은 간단하지만 창의적인 무대 효과를 통해 구현되었다. 알라딘이 마음에 든 마법 양탄자는 알라딘에게 요술 램프를 문지르는 법을 알려준다. 알라딘이 요술 램프를 문지르자 무대 외곽에서 지니 모양의 풍선이 빠른 속도로 커다랗게 부풀어오르고, 이와 거의 동시에 무대 중앙부에는 조명과 함께 연기가 피어오르며 지니

알 라 딘

가 등장한다. 지니는 무대 아래의 통로로부터 마치 토스터의 식빵처럼 튀어오른다. 간단하지만 깜짝 효과를 내기엔 충분한 기술 활용이다.

(3) 지니의 유쾌한 원맨쇼 : 스테이지 테크놀로지+오브젝트 테크놀로지 +특수효과

지니의 흥겨운 춤과 노래, 능청맞은 연기가 1막 전체를 사로잡는다고 해도 과언이 아닐 정도로 그의 존재감은 상당하다. 실제 그의 말투와 행동, 몸의 형태마저도 지니를 빼다 박은 듯 유쾌하다. 그의 간절한 꿈, 그리고 능력이 뒷받침되어 제임스 먼로 아이글하트는 2014년 토니 어워드 및 드라마 데스크 어워드에서 최고의 조연상Best Performance by a Featured Actor in a Musical을 수상했다. 그의 움직임은 다양한 무대 효과와 함께한다. 알라딘 무대에는 100개 이상의 자동화 시스템이 사용되었으며, 18번의 장면 전환이 이루어지는데, 각각의 장면들은 그 안에서 시시각각 변하며 작품의 배경 도시 아그라바의 모습들을 보여주고, 150개 이상의 이동형 조명들이 무대를 밝힌다.

이와 더불어 다양한 특수효과도 눈에 띄는데, 지니의 손짓, 발짓에 맞추어 움직이는 무대 위 소품들과 날아다니는 전구, 밝혀지는 조명, 펑펑 터지는 폭죽들은 스크린 속 지니가 천년 동안 잠들어 있던 램프 속에서 빠져나와 신나게 재주를 부리는 모습을 눈앞에서 확인하는 듯하다.

알라딘의 소원을 무엇이든 이루어줄 수 있다고 장담하며, 나 같은 사람 본 적 있느냐며 뽐내듯 부르는 〈Friend like me〉 장면에서는 유쾌

알 라 딘

한 에너지가 넘쳐난다. 육중한 몸에서 뿜어져나오는 가창력과 생각보다 날쌘 움직임이 무대 구석구석의 기술들과 만나며, 눈앞의 파란 옷을 입은 배우는 완벽한 지니가 되었다.

(4) 아라비아 왕국의 이국적인 광경 : 프로젝션, 스테이지 테크놀로지

최근 브로드웨이에서는 디즈니와 디즈니가 선의의 경쟁을 하는 진풍경이 벌어지기도 했다. 〈알라딘〉의 작품성과 재미가 입소문을 타고 퍼지며 대표적 가족 뮤지컬인 〈라이온 킹〉의 위상을 넘보기 시작한 것이다. 성인과 어린이 관객을 모두 사로잡기 위해서는 시각적 임팩트가 무엇보다 중요하다. 이는 아름다운 노래나, 복잡한 심리묘사, 치밀한 스

토리라인을 넘어서는 제1의 요소이다. 아라비아 왕국을 표현하는 수십 번의 장면 전환, 그 안에서 조명이 움직이고 무대 장치가 이동하고 등장인물들이 교체되며 계속되는 움직임은 잠시도 쉴 틈을 주지 않는다. 배우들의 경우, 백스테이지에서 채 1분도 안 되는 짧은 시간 동안 백 명 이상이 한꺼번에 옷을 갈아입는 경우도 있다고 한다. 그런 점에서 〈알라딘〉은 보는 것만으로도 눈이 즐겁고 가슴이 흥분되는 눈 호강, 브로드웨이 식으로 표현하자면 말 그대로 '비주얼 피스트Visual Feast' 그 자체다.

순수한 사랑으로 이루어지는 아메리칸 드림.

초연_ 2012년 독일 함부르크 오페레타 하우스Operettenhaus, Hamburgh, Germany. 2012년 미국 브로드웨이 윈터 가든 극장Winter Garden Theater, Broadway

기획_ 실베스터 스탤론Sylvester Stallone

연출_ 알렉스 팀버Alex Timber

무대 디자인_ 크리스토퍼 바레카Christopher Barreca

특수효과_ 제레미 체르닉Jeremy Chernick

극본_ 토마스 미한Thomas Meehan, 실베스터 스탤론Sylvester Stallone

작곡_ 스테판 플래허티Stephen Flaherty

작사_ 린 아렌스Lynn Ahrens

원작_ 영화 〈록키Rocky〉(1976)

대표곡_ 〈내 코는 아직 멀쩡해My Nose Ain't Broken〉, 〈애드리언Adrian〉, 〈진정한 결투Fight from the Heart〉

실베스터 스탤론에 대한 미국인들의 꿈, 록키는 아메리칸 드림이었다. 헐렁한 트렁크 바지에 가벼운 운동화, 그리고 주먹을 감싸는 글러브뿐, 어떠한 도구도 기교도 없이, 오로지 두 주먹만을 쥐고 사력을 다해 싸운다. 심장이 터질 것만 같던 3분이 흐른 뒤 30초의 휴식시간은 야속할 정도로 쏜살같이 흘러간다. 이 길의 끝에는 단 두 가지 갈림길만이 기다리고 있다. 빛나는 승리자가 될 것이냐, 아니면 눈물짓는 패배자가 될 것이냐.

〈록키〉의 주인공 록키 발보아는 불투명한 미래로 이어진 좁은 길을 한 치 앞도 보이지 않는 어둠 속에서 걷고 있는 애달픈 사람이다. 하지만 그에게는 선한 마음씨에서 비롯되는 희망이 존재했고, 그 자신은 굳건한 자기애의 화신이었으며 자신에게 기회가 주어졌을 때 그것을 힘껏 움켜잡아 자신이 꿈꿔오던 모든 것을 성취할 수 있는 의지를 가지고 있었다. 이것이 바로 '아메리칸 드림'이며, 실베스터 스탤론이 록키를 통해 말하고자 하는 미국의 정신이다.

록키의 이야기는 수십 년을 살아남아 뮤지컬로 화려하게 복귀했다. 입을 벌어지게 만드는 새로운 기술들과 강렬하고 힘찬 노래, 그리고 코앞에서 흐르는 록키의 피와 땀은 마치 우리로 하여금 역동적이고 생기가 넘쳤던 옛 시절의 환상을 매만지는 듯한 느낌이 들게 만든다.

특징 1 — 복싱 경기장에 온 듯한 생생한 현장감

복싱은 〈록키〉의 시나리오 전체를 아우르는 중요한 소재이다. 뮤지컬 〈록키〉의 제작진들은 록키가 혼신을 다해 임했던 마지막 복싱 장면을 강조하기 위해 독특한 상상력을 발휘했다. 무대의 1막이 끝난 후, 무대 중앙부의 링이 미끄러지듯 객석으로 밀려 내려오며 무대 앞쪽 객석에 앉아 있던 사람들은 전부 무대 위 배경에 마련된 관중석에 앉고, 관객들은 실제 크기의 링을 사이에 두고 서로 마주보게 된다. 경기가 시작되고, 버거운 상대를 만난 록키는 넘어지고 휘청대고 멍이 들고 입술이 터지지만 절대로 포기하지 않는다. 경기가 이루어지는 링은 제자리에서 회전하기도 하는데, 이때 관객들은 골리앗 앞에 선 다윗과도 같은 록키의 형형한 눈빛과 가쁜 숨, 그리고 온몸을 흠뻑 적신 땀을 눈앞에서 보며 온 마음을 다해 록키를 응원하게 된다. 관객들은 작품의 일부가 되는 것을 넘어 실제 복싱 경기의 관중이 되며, 현장에서 느껴지는 생생한 복싱 경기의 느낌은 이곳이 뮤지컬 극장인지 복싱 경기장인지 헷갈리게 만든다.

물론 스크린 속 록키의 복싱 장면도 눈물 겨울 정도로 치열했다. 하지만 화면 속의 그는 어디까지나 가상의 인물이었고, 화면 밖의 나는 조용한 영화관 혹은 거실 소파에 앉아 있을 따름이었다. 그를 응원했고 그의 근성에 감탄하며 긴장하며 지켜봤지만, 흥분 넘치는 감정이 입 밖으로 튀어나오지는 않았다. 하지만 뮤지컬 〈록키〉는 기발한 연출력 및 무대 디자인을 통해 작품과 관객의 경계를 모호하게 만들어 관객을 작품 속으로 끌어들임으로써 록키에 대한 응원의 함성이 무대를 가득 뒤덮도록 만들었다. 경기장이 가득 차버린 것이다.

특 징 2
–
록키와
실베스터 스탤론

록키 발보아의 인생은 실베스타 스탤론 자신의 인생을 의미한다. 가난한 이탈리아 이민자의 아들로 태어나 빈민가에서 자라며 힘든 유년 시절을 보냈지만, 배우가 되겠다는 꿈을 항상 가슴에 간직했던 그는 영화관 안내인, 경비원, 보디가드 등 온갖 직업을 전전하면서 생활고에 시달려도 꿈을 포기하지 않았다. 서른 편이 넘는 각본을 퇴짜 맞으면서도 계속해서 배우의 꿈을 키워나가던 그는 결국 〈록키〉라는 각본으로 100만 달러의 빠듯한 투자금을 받아 무명 배우들을 데리고 28일 만에 촬영을 완료하는데, 영화는 엄청난 반응을 이끌어내며 5000만 달러가 넘는 금액을 벌어들이는 등 큰 성공을 거두게 된다.

'록키'라는 말은 시대가 지나며 단순한 영화 제목이 아닌 록키 발보아라는 한 사람의 인생을 의미하는 단어가 되었다. 계속되는 영화의 속편들은 우리가 록키의 인생을 지켜보며 그의 고뇌와 시련, 성공과 실패를 같이 겪으며 함께 울고 웃을 수 있도록 만들어주었다. 그리고 약 30년이 지난 지금, 록키는 자신의 인생이 주는 감동이 철 지난 옛 시대의 산물이라는 평가를 정면으로 부정하기 위해 영화가 아닌 뮤지컬로 다시 탄생했다.

물론 우리가 영화를 보며 감동할 수 있었던 가장 큰 이유 중 하나는 아메리칸 드림을 이루어낸 록키가 단순한 가상의 인물이 아닌 실제 인물의 오마주, 일명 실베스터 스탤론 드림의 성공 신화를 품고 있었기 때문이었기는 하다. 하지만 새로운 장르인 뮤지컬에서 스탤론의 그림자를 벗어난 〈록키〉가 어떠한 색다른 감동을 우리에게 선사해줄 수 있을까 기대하며 유심히 지켜본다면, 록키 발보아가 말해주는 새로운 꿈과 희망의 메시지를 발견할 수 있으리라 믿는다.

스토리
−

ACT 1

1975년 겨울의 필라델피아, 이탈리아계 미국인인 록키 발보아는 사채업자의 수금원 역할이나 하면서 벌어먹고 사는 이름 없고 가난한 삼류 복서다. 비록 힘든 삶을 살고 있지만 심성이 착한 그는 친한 친구 폴리의 여동생이자 애완동물 가게의 점원으로 있는 에이드리언에게 호감을 느끼게 된다. 현실에 굴하지 않고 록키는 차츰 그녀에게 다가가며 감정을 고백하고, 처음에는 시큰둥하던 에이드리언 역시 계속되는 구애와 그의 착한 심성에 호감을 느끼면서 둘은 사랑하는 사이로 발전하게 된다. 한편 세계 헤비급 권투 챔피언십이 필라델피아에서 열리는데, 그 경기에서 방어전을 펼칠 챔피언인 아폴로 크리드는 심각한 문제에 직면한다. 다름 아닌 자신의 상대가 부상을 핑계 삼아 경기를 포기해버린 것. 경기를 무산시킬 수 없었던 그는 급하게 아이디어를 내어 삼류 무명 복서이지만 '이탈리아 종마'라는 특이한 별명을 가지고 있던 록키를 자신의 대전 상대로 지목하고, "아폴로 크리드가 이탈리아 종마를 만나다"라는 제목으로 경기를 광고하기 시작한다.

ACT 2

경기를 준비하기 위해 록키는 예전의 복싱 챔피언이자 체육관 관장으로 있는 미키 골드밀에게 도움을 요청한다. 시합에 대해 회의적이고 계속 갈등했던 록키지만, 미키의 철저한 훈련 아래 점차 마음을 다잡고 정육점에서 일하는 폴리의 도움으로 냉동고기를 샌드백 삼아 연습하는 등 최선을 다해 훈련을 소화한다. 드디어 시합 당일, 모두가 챔피언의 우세를 점치는 가운데 경기가 시작된다. 아폴로는 록키를 비웃으며 그를 1라운드에 녹다운 시켜버리겠다고 장담하지만, 록키는 코가 부러지고 눈이 퉁퉁 붓는 부상 속에서도 마지막 15라운드까지 대등하면서도 팽팽한 경기를 펼친다. 심지어 그는 아폴로를 한 번 바닥에 다운시키기도 한다. 록키에게 야유를 보냈던 관객들도 열렬한 환호를 보내고, 아폴로 역시 최선을 다해 마지막까지 경기에 임한다. 비록 경기 결과는 아폴로의 판정승이었지만, 최고의 시합을 보여준 록키는 모두의 환호를 받으며 에이드리언을 힘차게 껴안는다.

기 술 적 용 사 례 ㅡ

브로드웨이 버전 무대 세팅에는 430만 달러가 소요되었는데, 무대가 처음 시작하고 관객들이 보게 되는 장면은 록키가 연습하는 텅 빈 체육관이다. 이 위에 연출진의 상상력이 더해져 주인공들의 집이 슬라이딩 박스 형태로 무대 좌우에서 미끄러지듯 등장했고, 실제 사이즈의 복싱링이 마술처럼 등장한다.

이를 비롯해 대형 LCD 패널을 생방송 중계를 하는 듯한 장면 연출에 사용하는 등 기존에 보이지 않았던 참신한 무대 디자인적 시도가 많이 이루어졌다. 뮤지컬 〈록키〉는 2014년 토니 어워드 4개 부문에 후보로 오른 것을 비롯해 드라마 데스크 어워드, 아우터 크리틱스 서클 어워드에서 모두 최고의 세트 디자인 상을 수상하기도 했다.

(1) 복싱 결승전의 생생한 감동 : 스테이지 테크놀로지 + LCD 패널

뮤지컬 〈록키〉 관람석 중에는 다른 자리보다 10달러 정도 더 비싼

'골든 서클'이 있다. 이 좌석에 앉는 관객들은 공연 마지막 20분 전 별도의 관람석으로 안내되는데, 무대 위쪽에 계단식 장비 위에 마련된 특별석으로 자리를 이동함으로써 무대 세팅과 배우들, 스태프들이 뛰어다니는 모습을 생생하게 볼 수 있다. 기존 A열에서 F열에 해당하는 골든 서클석 관람객들을 무대 위로 올림으로써 복싱 링이 관객석 구역 가운데까지 진입해 모든 관객들이 마지막 경기 장면을 가까이서 볼 수 있게 했다. 이 복싱 링은 기존의 무대에서 분리되어 천천히 움직이며 관객석 위로 슬라이딩하며 앞으로 나오는데, 경기가 진행됨에 따라 회전하기도 한다.

일부 스태프들은 작품 속 인물들이 되어 극을 이끌어간다. 카메라 감독들은 실제 영화 속 경기 실황을 중계하는 카메라맨이 되어 무대 위 록키와 아폴로의 모습을 촬영하고, 촬영된 영상은 무대 양옆 거대한 LCD 패널에 실시간으로 중계된다. 특수 분장사들 또한 각 선수들의 매니저 역

할을 하며 경기 중간중간 배우들의 땀을 닦아주는 척하며 피와 멍 화
장을 입힌다. 역동적인 무대와 무대 위 인물들의 유기적인 융합을 통해
〈록키〉의 피날레를 장식하는 마지막 경기 장면이 완벽하게 재현된다.

(2) 영화 속 CG를 무대로 구현하다 : 프로젝션 테크놀로지

록키가 훈련하는 모습은 영화 〈록키〉의 백미이다. 관악기 소리로 웅
장하게 시작하는 배경음악과 함께 아침부터 저녁까지 강변과 훈련장을
넘나들며 쉼 없이 줄넘기와 섀도우 복싱을 연습하는 록키의 모습은 이
후 많은 매체를 통해 패러디되기도 했다. 뮤지컬 〈록키〉에서는 이 장면
을 여러 겹의 스크림Scrim을 통해 구현했다. 스크림이란 검은색 망사막
을 뜻하는 용어인데, 막 위에 영상을 띄우고 막 안팎의 조명을 조절함
으로써 무대 위의 공간을 다방면으로 활용할 수 있다.

뿐만 아니라 무대 측면에서 또 다른 스크림이 밀려나와 화면이 바뀌
며 강변을 빠른 속도로 뛰고 있는 듯한 장면이 연출되고 그 위로 여러
장소에서 운동하고 있는 록키의 모습이 다중으로 겹쳐지며 절정을 이루
고, 이후 무대 앞 검은색 스크림이 올라가며 무대 위 중앙에서 줄넘기
를 하고 있는 록키의 모습이 확실히 드러난다.

(3) 현장에서 만들어지는 뉴스 : 인터랙티브 LCD 패널

경기가 있을 때마다 기자 역할을 맡은 사람들이 카메라를 들고 나오
는데, 이들이 찍은 화면이 무대 양측에 위치한 초고화질 LCD 패널에

무대 깊숙이 위치한 화면에서는 강변이 투영되고, 그 위로 각각 체육관, 샌드백 등이 투사된 프로젝션이 겹쳐지며, 주인공 록키는 제자리에서 뛰고 있다.

록키가 훈련하고 있는 모습을 미리 촬영해 여러 겹의 스크린 위에 투사한다.

미국의 챔피언 아폴로 크리드의 인터뷰
장면이 실시간으로 LCD 화면에 비춰진다.

경기 실황 장면이 무대 양측의
초고화질 LCD로 송출된다. 자
세히 보면 링 위의 심판의 모
습이 LCD 화면을 통해 보이고
있다.

실시간으로 중계된다. 기자들은 관객석을 돌아다니면서 관중들을 찍고 관객들은 실제로 TV 인터뷰에 임하는 듯 몰입하고 환호한다.

2막 시작 장면에서는 뉴스 앵커가 등장해 미국의 복싱 챔피언 아폴로와 싸울 수 있는 영예를 얻게 된 이민자 출신 가난한 복싱 선수 록키를 인터뷰하는 장면이 나오는데, 이때도 무대 위에서 록키를 인터뷰하는 장면이 실제 뉴스와 같은 배경 화면과 합성되어 진짜 방송처럼 실시간으로 LCD 패널 위에 보인다.

(4) 록키와 에이드리언의 방 : 스테이지 테크놀로지

텅 비어 있는 무대 양측에서 록키의 방과 에이드리언의 방이 슬라이딩 박스의 형태로 미끄러져 나오며 장면이 전환된다. 이 슬라이딩 박스는 스크립트에 맞추어 회전하기도 하는데, 예를 들어 록키의 방으로 사용되는 슬라이딩 박스가 처음 등장할 때는 육면체 방의 한쪽 벽을 뜯어 방 내부를 바라볼 수 있게 해놓았고, 방문이 박스의 왼쪽에 있었으나 록키가 문을 열고 방 밖으로 나올 때에는 슬라이딩 박스가 90도로 회전하며 방에서 나오고 있는 록키의 모습을 정면에서 보여준다.

(5) 인터미션 중에도 이야기는 계속된다 : 프로젝션 테크놀로지

아폴로와 록키의 경기 일정이 정해진 후 무대에서는 지속적으로 결승일 D-Day가 카운트되는데, 1막이 끝난 후 인터미션 시간에는 무대 커튼 위에 프로젝션 빔을 쏘아 Final Fight D-Day가 시간의 흐름에 따

록키의 방

에이드리언의 방

라 하루하루 줄어드는 모습을 표현했다. 이는 인터미션 중에도 극중의 날짜가 흐르고 있다는 느낌을 관객들에게 선사함으로써 무대에 대한 몰입감을 유지하고 지루함을 경감시키는 효과를 준다.

찰리와
초콜릿 공장

골든 티켓을 쥐고 달콤한 꿈의 나라로 출발!

초연_ 2013년 로얄 드루리 래인 극장Theatre Royal, Drury Lane, London, UK

기획_ 워너 브라더스 시어터 벤처스Warner Bros. Theatre Ventures, 랭리 파크 프로덕션Langley Park Productions, 닐 스트리트 프로덕션Neal Street Productions

연출_ 샘 멘데스Sam Mendes

극본_ 데이빗 그렉David Greig

작사_ 마크 샤이먼Marc Shaiman

작곡_ 스콧 위트먼Scott Wittman, 마크 샤이먼Marc Shaiman

무대 디자인_ 마크 톰슨Mark Thompson

비디오 및 프로젝션 디자인_ 존 드리스콜John Driscoll

퍼펫 및 일루전 디자이너_ 제이미 해리슨Jamie Harrison

안무_ 피터 달링Peter Darling

원작_ 로알드 달Roald Dahl, 『찰리와 초콜릿 공장Charlie and the Chocolate Factory』(1964)

대표곡_ 〈보고 싶다면 우선 믿어야 해It Must Be Believed to Be Seen〉, 〈주시!Juicy!〉, 〈비디엇Vidiots〉, 〈순수한 상상Pure Imagination〉

초콜릿이 쏟아지는 폭포와 사탕이 주렁주렁 열려 있는 나무들이 즐비한 이곳은 꿈속이 아니라 우리 눈앞에 펼쳐진 초콜릿 공장이다. 시각적 포만감에 침이 고여온다. 1964년 이후 전 세계적으로 1,300만 부가 넘게 팔려나간 로알드 달의 원작소설, 그리고 2005년에 팀 버튼과 조니 뎁의 합작으로 세상에 내보인 영화를 원작으로 하는 이 뮤지컬은 소설의 신비로운 아이디어와 영화의 이미지를 유쾌하게 반죽해 다채로운 무대 장식과 의상, 수많은 색깔의 조명, 화려한 안무로 풀어냈다. 뮤지컬 표를 받아들고 공연장 안으로 입장할 때 마치 초콜릿 공장의 초대권인 골든 티켓을 쥐고 있는 듯한 느낌이 드는 것은 어쩌면 당연한 일일 수도. 화려한 기술로 만들어진 달콤한 퍼포먼스와 새콤한 무대 뒤에 숨겨져 있는 감동은 우리에게 가슴 벅찬 상상력을 제공해준다.

특 징
－
뮤지컬 인력의 발굴과 양성－ 워너 브라더스 크리에이티브 탤런트

윌리 웡카의 골든 티켓의 여분이 아직 좀 남아 있다는 소식, 혹시 들으셨는지? 〈찰리와 초콜릿 공장〉 제작진에서는 뮤지컬 팬을 대상으로 3개월간 숙식과 보수를 제공하며 무대 경험을 해볼 기회를 선사한다. 이는 본 작품의 제작사인 워너 브라더스 크리에이티브 탤런트Warner Bros. Creative Talent가 새롭게 기획한 영국 내 창조 산업 기술투자 프로그램의 일환이다.

워너 브라더스의 대표이자 매니징 디렉터인 조쉬 버거Josh Berger는 본 사업의 취지에 대해 이렇게 설명한다. "워너 브라더스 크리에이티브 탤런트를 통해 우리는 분야를 막론하고 창조 산업 분야를 접해볼 기회가 없었던 모든 젊은이들을 지원합니다. 우리 회사의 첫 영국 작품인 〈찰리와 초콜릿 공장〉에서 다섯 명의 재능 있는 청년들에게 귀중한 직관과 기회를 줄 수 있어 매우 기쁘게 생각합니다. 이 기회를 통해 우리의 청년들이 극장 제작 관련 커리어에 한 발짝 더 나아갈 수 있게 되기를 기원합니다."

〈찰리와 초콜릿 공장〉의 연출자인 샘 멘데스는 다음과 같이 덧붙인다. "〈찰리와 초콜릿 공장〉을 연출하며, 이 정도 대형 스케일의 작품을 하나 쌓아올리기 위해서 재능 있는 사람들이 얼마나 많이 필요한지 다시 한 번 깨닫게 되었습니다. 영국의 새로운 탤런트를 발굴해내는 이번 기회를 지원할 수 있게 되어서 매우 기쁩니다."

하나의 작품을 위해서는 재능 있는 사람들이 많이 필요하다고 샘 멘데스가 언급한 바와 같이, 뮤지컬은 제작진, 배우진, 기술진 등 적어도 세 개의 축이 완벽하게 맞물려 화합을 이루며 앞으로 나아가야만 하는 완벽히 융합적인 산업이다. 여기에 새로운 기술의 도입이 가속화되고 제작진 및 배우진에게도 이와 관련한 지식이 요구됨에 따라 능력 있는 기술진의 유입은 기본이고, 기존 제작진 및 배우진에 대한 재교육도 필요한 실정이다. 영국의 경우 국가 수익의 상당 부분이 뮤지컬이나 연극을 비롯한 창조 산업에서 창출되기 때문에 해당 산업에 대한 정부 및 기업 차원의 지원이 계속적으로 이루어지고 있다. 미국의 종합 엔터테인먼트 회사인 워너 브라더스의 계열사 워너 브라더스 크리에이티브 탤런트 또한 영국 사회의 이러한 풍토를 따르며 새로운 인력의 발굴, 양성에 투자를 아끼지 않고 영국 내의 사업 확장과 사회적 공헌이라는 두 마리 토끼를 좇는 데 힘쓰고 있다.

매년 20%에 가까운 고도 성장을 이어나가고 있는 국내 뮤지컬 시장에서도 변화해가는 뮤지컬 산업 생태계에 적응하기 위해 다양한 시도들이 이어지고 있다. 2014년 고용노동부에서는 국내 최대 규모의 뮤지컬 제작사인 설앤컴퍼니와 손을 잡고 국내 뮤지컬 인력들이 새로운 기술에 익숙해지고 무대를 효과적으로 활용할 수 있도록 유도하기 위해 'K-Musical Academy'를 창설했다. 이와 같은 움직임들이 초석이 되어 국내 뮤지컬 산업 및 공연 기술 산업의 저변이 확대될 수 있을 것으로 보인다.

스 토 리	**ACT 1**

철도 근처의 단칸방 오두막집에서 가족들과 함께 살고 있는 찰리 버켓이 집 근처 쓰레기 더미를 뒤지며 혹시 쓸 만한 것이 없나 살펴보며 막이 오른다. 찰리가 사탕봉지를 집어들며 수상한 남자와 이야기하고, 가족이 있는 집으로 돌아온다. 양배추 수프가 끓기를 기다리며 할아버지와 할머니는 윌리 웡카에 대해 이야기해준다. 아버지가 지친 걸음으로 집에 들어오고 난 후, 찰리는 종이 한 장을 꺼내 〈A Letter from Charlie Bucket〉이라는 노래를 부르며 초콜릿에 관한 이야기를 쓰고 종이비행기를 접어 밤하늘로 날려보낸다.

다음날 아침, 찰리의 어머니 버켓 부인은 저녁 일을 마치고 집으로 돌아와 가족들에게 윌리 웡카가 웡카 초콜릿바를 구매한 사람 중 행운의 다섯 명에게 그의 공장으로 초대하는 골든 티켓과 평생 동안 먹을 캔디를 제공하는 놀라운 이벤트를 개최했다고 설명한다. 찰리는 윌리 웡카의 공장에 너무나도 가고 싶지만 초콜릿을 살 돈이 없다. TV에서는 골든 티켓의 첫 번째 수여자, 바바리아 출신의 뚱뚱한 소년 아우구스투스 글룹에 대한 뉴스가 흘러나온다.

이후 영국의 새침데기 소녀 베루카 솔트가 두 번째 티켓을 손에 쥐었다는 사실을 알게 된다. 베루카의 아버지는 딸에게 티켓을 주기 위해 어떤 일을 했는지 이야기한다. 찰리의 생일날, 찰리의 할머니와 할아버지는 웡카 초콜릿바 하나를 찰리의 생일선물로 준비한다. 하지만 안타깝게도 골든 티켓은 들어 있지 않다. 찰리가 초콜릿을 한 입 베어 물고, 세 번째 골든 티켓 수여자의 뉴스가 흘러나온다. 그는 바로 헐리웃의 풍선껌 씹기 스타 바이올렛 뷰레가드이다. 바이올렛과 그녀의 부모는 이 골든 티켓을 통해 바이올렛이 얼마나 더 유명해질 것이며, 얼마나 대단한 스타가 될 것인지를 자랑한다. 잠시 후 TV에서는 또 다른 골든 티켓 소식이 들려온다. 주인공은 바로 마이크 티비이다. 마이크는 폭력적이고 심술궂은 말썽꾸러기로 TV와 비디오게임에 중독되어 있다. 마이크의 어머니는 마이크가 얼마나 못된 짓을 많이 하는지, 그리고 골든 티켓을 얻기 위해 어떤 트릭을 썼는지 이야기한다.

티켓은 한 장밖에 남지 않았지만 초콜릿을 살 돈이 없는 찰리는 우울하다. 찰리의 부모는 그들이 찰리를 어떻게 함께 키워왔는지 그리고 어떠한 미래를 꿈꾸는지 노래한다. 어느 겨울날, 찰리는 길을 가던 한 돈 많은 커플이 떨어뜨린 돈을 발견한다. 막이 오를 때 나왔던 그 수상한 남자가 웡카 초콜릿바를 사라고 이야기한다. 희망 반 의심 반으로 조심스럽게 산 초콜릿의 포장을 뜯자, 찰리가 꿈에 그리던 골든 티켓이 나왔다. 티켓을 손에 쥐고 집으로 달려온 찰리를 본 할아버지 조는 병상에 몸져 누운 지 40년 만에 처음으로 침대를 박차고 일어나 걷게 된다. 골든 티켓의 주인공들이 공장으로 향하는 날, 찰리와 할아버지는 요란스러운 레드카펫 위에서 어리둥절해한다. 마지막으로 합창단의 팡파레와 함께 공장의 문이 활짝 열리고 모든 이의 눈이 이 모든 이벤트를 준비한 웡카 초콜릿의 주인, 윌리 웡카에게 향한다.

ACT 2

웡카는 골든 티켓의 주인공들을 불러모으고 공장에서 지켜야 할 규칙에 대해 설명한다. 계약서에 참가자 모두의 사인을 받은 후 웡카는 즐거움이 가득한 사탕의 정원을 소개한다. 정원에서는 초콜릿이 강물처럼 흐르고 달콤한 사탕꽃이 반짝거리며 피어 있다. 이이들이 신나게 정원을 돌아보는 사이에 어른들은 이 정원의 목적이 무엇인지 물어보지만, 윌리 웡카는 뚱한 표정으로 예술 작품이라고 대답한다.

아우구스투스가 폭포물을 마시려고 하자 폭포 안으로 빠져버렸고, 이에 베루카가 비명을 지르며 분위기가 전환된다. 아우구스투스는 초콜릿을 추출해내는 파이프에 몸이 끼어 옴짝달싹 못하고 있다. 위를 쳐다보니 움파룸파라고 불리는 난쟁이들이 붉은색 작업복을 입고 있다. 이들은 아우구스투스를 꺼내줄 마음이 전혀 없어 보인다.

아우구스투스가 사라지고 난 후, 웡카는 공장이 오염되지는 않을까 더 신경을 곤두세우게 된다. 파티에서는 계속 충격적인 장면들이 나오지만 윙카는 별일 없을 것이라며 안심시킨다. 다음 장소는 발명실인데, 흰색으로 코팅된 움파룸파들이 갖은 재료들을 섞고 실험하는 모습이 보인다. 윙카는 아이들에게 영원히 사라지지 않는 알사탕Everlasting Gobstopper을 주지만 바이올렛은 별 흥미가 없어 보인다. 그런 바이올렛에게 윙카는 3코스 저녁식사와 함께 최신작 추잉껌을 보여준다. 디저트를 먹기 전까지는 껌을 씹지 말라고 윙카가 경고하지만 바이올렛은 윙카의 경고를 무시하고 껌을 입에 넣고 씹기 시작한다. 그러자 바이올렛의 몸이 보라색으로 부풀어오르며 거대한 블루베리처럼 변하게 된다. 바이올렛이 펑 하고 터지자 끈적거리는 보라색 블루베리 액체들과 반짝이들이 사방에 퍼지게 되지만, 윙카는 태연하게 바이올렛의 아버지 뷰레가드 씨를 주스의 방으로 보내며 바이올렛이 곧 괜찮아질 거라 말한다.

윙카와 나머지 멤버들은 달리고 달려 견과류의 방에 도착하는데, 그곳에는 견과류를 보고 품질을 평가하는 다람쥐들이 있다. 좋은 견과류는 다람쥐들의 식량으로 한곳에 저장되고, 나쁜 견과류는 버려진다. 베루카는 다람쥐 한 마리를 달라고 조른다. 윙카가 거절하자 베루카는 억지로 다람쥐를 손에 쥐려고 하지만 오히려 다람쥐들에게 잡히게 되고, 나쁜 견과류로 평가되어 아버지와 함께 쓰레기통으로 버려진다. 윙카는 나머지 멤버들에게 베루카의 가족에겐 별일 없을 거라고 이야기한다.

윙카는 사람들을 이끌고 어두운 방으로 향한다. 그 방 안에는 윙카의 모든 과거의 실수들이 보관되어 있다. 방에 도착하고 윙카는 초콜릿 텔레비전을 작동시킨다. 윙카의 반대에도 불구하고 마이크가 호기심에 카메라 앞에 서서 버튼을 누르자 펑 하는 연기와 함께 사라져버린다. 연기가 사라지자 마이크는 스크린 사이를 뛰어다니고 있다. 사람들이 힘을 합쳐 마이크를 꺼내려고 노력했지만 마이크는 손바닥만큼 작아져 버린 상태였다. 마이크의 어머니 티비 여사는 마이크가 더 이상 큰 문제를 일으키지 않게 되었다며 안심하고는 마이크를 가방 안에 넣고 만족스러운 표정으로 공장을 나선다.

이제 남아 있는 아이는 찰리뿐이다. 찰리의 할아버지는 윙카가 약속한 평생 동안 먹을 캔디에 대해 물어본다. 윙카는 아무렇지 않은 표정으로 찰리가 받은 영원히 사라지지 않는 알사탕을 가리킨다. 할아버지는 화가 났지만 찰리는 정말로 입안의 알사탕이 처음 먹었을 때 크기 그대로의 크기라고 놀라워하며 상황을 중재시킨다. 할아버지와 찰리가 공장을 떠나는 장면에서, 찰리는 윙카의 모든 아이디어가 들어 있는 책을 펼치고 빈 페이지에 자신의 생각을 적어 넣는다. 윙카가 조용히 돌아와 찰리가 추가한 책 내용을 살펴보고는 찰리를 다시 불러 최종 승리자는 바로 찰리임을 알려준다. 윙카는 찰리를 유리 엘리베이터에 태우고 찰리에게 줄 최종 승리 상품, 초콜릿 공장을 보여준다.

찰리와 윙카가 지구로 돌아온 후, 윙카는 공장을 떠날 것이며 찰리가 공장의 새로운 주인임을 공표한다. 윙카는 사라진다. 하지만 찰리네 가족이 공장 안으로 들어올 때, 찰리는 문 밖에서 예전의 그 수상한 남자를 다시 보게 되고, 그가 바로 윌리 윙카였음을 알게 된다. 움파룸파와 찰리가 공장의 창문 밖으로 손을 흔들자, 윙카는 사라지고 노래 〈보고

싶다면 우선 믿어야 해〉가 울려퍼지며 찰리는 앞으로 일어날 일에 대한
즐거운 상상을 시작한다.

(1) 엘리베이터를 타고 하늘로 날아 : 플라잉 테크놀로지＋LED 테크놀로지

　속 깊은 소년 찰리는 웡카의 초콜릿 공장에 끝까지 남게 된다. 찰리의
착한 심성과 지혜로운 태도를 유심히 바라보던 윌리 웡카는 찰리의 손
을 잡고 '선물'을 보여주겠다며 엘리베이터에 탑승한다. 엘리베이터는 밤
하늘 별빛 사이를 지나 하늘 높이 두둥실 떠오르고, 눈 아래에는 웡카
가 찰리를 위해 준비한 '선물', 윌리 웡카의 거대한 초콜릿 공장이 있다.

　이 장면과 어우러지는 〈Pure Imagination〉이라는 노래에 걸맞게 순
수한 상상력으로 가득한 이 장면을 위해 엄청난 기술이 소요되었다. 공
연이 이루어진 로얄 드루리 래인 극장은 200년 역사를 가진 옛날식 극
장이기 때문에, 이 무대 곳곳에 대형 기계 장치들을 배치시키는 것 또
한 큰 작업이었다. 스테이지 테크놀로지사ᵗᵗ의 유압식 텔레스코핑 타워
는 바닥 밑에 들어 있던 엘리베이터를 무대 위로 끌어올렸으며, 7개의
유압 기계식 축으로 움직임을 컨트롤하는 등 대형 기계 장치가 활용되
었고, 이를 정교하게 컨트롤하기 위한 여러 번의 프로그래밍 작업이 동
반되었으며, 여기에 유리 엘리베이터의 조명과 배경의 별과 달과의 조화
도 고려해야 했다. 작품의 상징과도 같은 유리 엘리베이터 장면은 이렇

게 완성되었다.

(2) 움파룸파들의 무한 변신 : 오브젝트 테크놀로지와 의상의 조화

움파룸파족은 룸파랜드에서 온 무릎 크기의 종족이다. 룸파랜드에서 적의 침입에 의해 전부 제물이 될 뻔한 것을 윌리 윙카가 공장으로 초대해 가까스로 살아남게 되었다. 움파룸파들은 노동의 대가로 코코아 콩을 받는데, 이는 룸파랜드에서는 보기 힘든 진귀한 작물이다. 움파룸파들은 장난이 많고 농담과 노래 부르기를 좋아하며, 아이들이 초콜릿 공장으로부터 쫓겨나는 장면에서 교훈적 내용의 노래를 신나게 불러댄다.

1971년 영화에서는 왜소증 배우들이 움파룸파를 연기했으며, 2005

먹보 아우구스투스는 윌리 웡카의 경고에도 아랑곳 않고 초콜릿 폭포에 코를 박은 채 정신없이 달콤한 초콜릿을 들이마시다가 폭포 안으로 빠지게 되었다. 사라진 아우구스투스는 움파룸파들이 일하고 있는 파이프 시설에서 발견되었다. 이 장면에 등장한 움파룸파들은 인형의 다리 부분에 배우들의 팔을 넣고 팔 부분은 자동화하여 구현되었다.

〈주시Juicy!〉 장면에서 등장한 움파룸파들은 의상의 힘을 빌려 탄생되었다. 무릎 높이의 굽을 신고 춤추고 있는 것처럼 보이지만 사실은 높은 굽 모양의 부츠를 신어 키를 작아 보이게 만드는 일종의 착시효과이다.

의자에 앉아 있는 움파룸파들의 경우 의자에 앉은 모습 위로 의상을 입어 관객들에게는 가슴 위쪽과 정강이 아래쪽을 합친 만큼만 보인다. 관객석에서 보기에는 이들의 키가 채 1미터도 안 되어 보인다.

어떤 장면에서는 온몸에 발광선을 두른 움파룸파들이 등장해 우주인과 같은 이미지를 연출하기도 했는데, 사진 속 장면에서는 두 명의 움파룸파가 무등을 탄 것처럼 보이지만, 사실은 한 명의 배우가 특수 제작된 의상을 입고 활동하고 있다.

년 영화에서는 배우 딥 로이Deep Roy가 모든 움파룸파를 연기했다고 전해진다. 뮤지컬 〈찰리와 초콜릿 공장〉에서는 오브젝트 테크놀로지와 의상의 조화로 다양한 움파룸파들의 모습을 구현해낼 수 있었다.

(3) 텔레비전에 내가 나왔으면 : 스테이지 테크놀로지 + 오브젝트 테크놀로지 + LED 테크놀로지

골든 티켓의 주인공들이 한 명 한 명 등장하는 1막에서 시시각각 이들의 당첨 소식을 전하는 TV의 역할은 매우 중요하다. 이는 무대 후방에 위치한 별도의 LED 스크린 장치에서 구현되었다.

이와 더불어 윙카의 초콜릿 공장 안에서 등장하는 다섯 대의 작은 스크린은 움파룸파들의 움직임 및 아역 배우들의 연기와 결합되어 마치 몸이 작아진 아이가 TV 속으로 들어가버린 듯한 흥미로운 장면들을 자아냈다.

(4) 골든 티켓을 손에 쥔 아이들 : 스테이지 테크놀로지

거대한 투명 엘리베이터와 더불어 〈찰리와 초콜릿 공장〉 무대의 든든한 축이 되었던 기술이 바로 두 대의 익스플로러 트

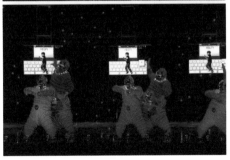

럭Explorer Truck, Shacks Truck이다.

원격 컨트롤 시스템과 내장된 레이저 시스템을 이중으로 활용해 정교한 포지셔닝이 가능한 이 거대한 무대 장치는 로얄 드루리 래인 극장의 무대 뒤편에 마련되어 위아래 및 양옆으로 움직이는 무대를 추가적으로 활용할 수 있게 함으로써 상대적으로 좁은 옛날식 극장 무대의 한계를 극복할 수 있게 했다.

(5) 초콜릿 공장에 오신 것을 환영합니다! : 스테이지 테크놀로지 + LED 테크놀로지

월리 웡카의 초콜릿 공장은 모두가 한 번쯤 들어가보고 싶은 환상의 세계이자 어린아이들의 상상력이 현실로 이루어지는 마법 같은 공간이다. 이 공간의 주인 월리 웡카는 그만큼 신비롭고 약간은 의심스럽기에 더 호기심을 불러일으키는 인물로 표현된다.

공장의 입구를 표현하는 장면은 스테이지 테크놀로지와 후면 LED

패널을 통해 꾸며졌다. 거대한 철문이 좌우로 열리고 중앙으로 조명이 집중되자 마법처럼 윌리 웡카가 등장했으며, 그의 뒤로 형형색색의 LED 패널들이 재미 있는 색 조합으로 반짝였다.

초콜릿 공장을 찰리에게 넘 겨주기로 결정한 후, 무대는 공 장의 상징인 특유의 자줏빛이 되고, 여러 명의 움파룸파가 등 장해 새로운 주인의 등장을 축 하했다. 이때 무대 뒤 LED 패널 로 수백 명의 움파룸파를 등장 시켜 마치 발리우드 영화의 한 장면 같은 독특한 이미지가 연 출되었다.

프로젝션을 담당한 존 드리 스콜은 여러 겹의 레이어를 덧입혀 깊이감과 질감, 빛의 정도와 차원을 만들어냈다. 존 드리스콜은 마치 눈속임Trompe l'oeil 아티스트와 같이 초 콜릿 공장의 굴뚝 위로 피어오르는 연기, 창가의 그림자, 그리고 환각적 인 조명 효과와 세트 위로 쉴 새 없이 변화하는 조명 등 관객들의 눈을

찰 리 와 초 콜 릿 공 장

의심하게 만드는 장면을 완성도 높게 구현했다.

(6) 밤하늘을 수놓는 찰리의 상상력 : LED 테크놀로지

골든 티켓에 당첨된 아이들이 하나둘 사라지고 마지막으로 남게 된 찰리가 공장을 떠나기 전날 밤, 찰리는 책상 앞에서 우연히 윌리 웡카의 상상력이 가득 담긴 노트를 한 권 발견하게 된다. 찰리는 그 노트에 자신의 상상력을 모두 동원해 더 신나고 재미있는 사탕과 초콜릿 아이디어를 적어내려간다. 무대 위 찰리가 등지고 앉아 바쁘게 써내려간 내

용은 관객들이 모두 볼 수 있는 무대 전면을 조금씩 채워가고, 공중의 보름달과 어우러져 마치 밤하늘의 별자리가 수놓이는 듯한 장면이 연출된다.

(7) 견과류의 방으로 향하는 길 : LED 테크놀로지

다람쥐들이 가득한 견과류의 방으로 바삐 달려가는 윌리 웡카와 초대된 가족들의 모습은 무대 뒤쪽의 LED 패널을 통해 만화적으로 구현되었다. 제자리에서 열심히 뛰고 있는 배우들 뒤로 미로와 같은 비슷하

찰 리 와 초 콜 릿 공 장

고도 서로 다른 장면들이 다양한 속도로 지나가게 함으로써 관객들마저도 함께 미로 속을 헤매는 듯한 재미있는 효과가 연출되었다.

(8) 뭘 좀 아는 다람쥐 : 오브젝트 테크놀로지 + 퍼펫 티어링

견과류의 방 안에는 견과류의 품질을 검수하는 다람쥐들이 줄지어 서 있다. 이 귀여운 동물들의 모습은 자동화 시스템으로 구현되었다. 로봇이라기보다는 룰에 따라 같은 움직임을 반복하는 장난감에 가까운 형태이지만, 머리, 목, 앞발, 몸통 등의 여러 관절을 이용해 생각보다 자연스러운 움직임을 다양하게 구현한다.

　다람쥐를 갖고 싶다고 억지를 부리던 베루카는 결국 거인 다람쥐들의 손에 이끌려 수준 미만의 견과류들이 들어 있는 쓰레기통 안으로 떨어지게 된다. 거인 다람쥐의 모습은 특수 인형 옷을 입은 배우들에 의해 구현되었으며, 무대 아래 공간과 연결되는 리프팅 시스템으로 쓰레기통을 표현했다.

BELIEVE

GHOST
THE MUSICAL

고스트

죽음을 초월한 불멸의 사랑.

초연_ 2011년 영국 맨체스터 오페라 하우스Manchester Opera House, Manchester, UK, 2011년 웨스트엔드 피카딜리 극장 / 2012년 브로드웨이

기획_ 콜린 잉그람Colin Ingram Ltd.

연출_ 매튜 워커스Matthew Warches

무대 디자인_ 롭 호웰Rob Howell

일루전_ 폴 키예브Paul Kieve

극본_ 브루스 조엘 루빈Bruce Joel Rubin

프로젝션 디자이너_ 존 드리스콜Jon Driscoll

작사·작곡_ 데이브 스튜어트Dave Stewart, 글렌 밸러드Glen Ballard

원작_ 영화 〈사랑과 영혼Ghost〉 (감독: 제리 주커Jerry Zucker)

대표곡_ 〈이 순간Here Right Now〉, 〈조금 더More〉, 〈떠날 거야I'm Outta Here〉

달콤한 사랑을 속삭이던 입술은 어느새 차갑게 닫히고, 영원한 만남을 맹세했던 반지는 너무나 쉽사리 깨진다. 이제는 모두가 헤어짐을 손쉽게 입에 담고, 만남의 기간은 점차 짧아지며 이별 노래를 부르는 것을 그리 가슴 아파하지 않는다. 세상이 점차 변하고 있다. 사랑을 간단하고 가볍게 정의하려 드는 남자는 갈수록 많아지고, 진중하고 뜻깊은 만남을 그리워하는 여자는 점차 줄어든다. 작은 동네 카페에 마주앉아 서로의 눈동자를 응시하기만 해도 즐거웠던 나날이 점차 잊히는 현실 속에서, 우리는 다시금 사랑의 의미를 되짚어줄 수 있는 작품을 떠올리게 된다.

1990년 개봉한 제리 주커 감독의 영화 〈사랑과 영혼〉에는 선한 눈망울을 가진 금발의 근육남 패트릭 스웨이지와 칠흑 같은 머리카락과 새카만 눈동자를 가진 청초한 여배우 데미 무어가 죽음을 초월하는 영원한 사랑을 이야기한다. 25년이 지난 지금 패트릭 스웨이지는 췌장암으로 하늘나라로 떠나갔고 데미 무어는 50대 중반에 접어들었지만, 그들이 우리에게 남겨주었던 강렬한 메시지, 그리고 그들이 가장 아름다웠던 시절의 영화 속 스토리는 그대로 남아 오늘날 뮤지컬로 부활하여 영원한 사랑을 꿈꾸며 불꽃 같은 정열을 희구하는 관객들의 가슴을 강하게 울리고 있다.

특 징

―

**콜린 잉그람,
새로운 시대의
제작자**

가끔씩은 주류와 전혀 상관없는 삶을 살아온 사람이 그 분야의 새로운 시대를 열어가기도 한다. 뮤지컬 〈고스트〉의 기획자인 콜린 잉그람^{Colin} ^{Ingram}은 법학과 국제금융, 재무를 전공하고 PWC에서 공인회계사로 근무한, 뮤지컬과는 거리가 먼 삶을 살아온 사람이었지만, 대학생 시절부터 에딘버러 페스티벌에 뮤지컬과 연극을 기획해온 경험을 바탕으로 뮤지컬계에 뛰어들기로 마음먹고, 25세에 뮤지컬 기획자 카메론 매킨토시의 회사에서 뮤지컬 〈레 미제라블〉의 연출 관리자로 새로운 커리어를 시작한다. 그는 〈레 미제라블〉의 10주년 기념공연인 로얄 앨버트 홀에서의 콘서트를 성공적으로 이끌어 매킨토시의 신임을 받게 되고(해당 공연은 가장 많이 판매된 뮤직비디오 중 하나로 기록되고 있다), 이후 콜린 잉그람은 〈레 미제라블〉과 〈오페라의 유령〉의 영국 투어를 관리하는 직책에 오른다. 또한 31세에는 런던 디즈니 극장의 제너럴 매니저 및 매니징 디렉터가 되어 웨스트엔드의 〈라이온 킹〉 공연과 〈미녀와 야수〉의 영국 투어를 담당하는 중책을 맡는다.

그러던 도중 〈빌리 엘리어트〉가 뮤지컬로 만들어지고 케빈 스페이시가 올드 빅 극장Old Vic Theater을 운영할 것이라는 소식을 들은 콜린은 올드 빅 시어터 컴퍼니OVTC와 올드 빅 프로덕션OVP의 대표 프로듀서가 되었다. 이후 뮤지컬 제작자로서 〈빌리 엘리어트〉의 영국 공연을 비롯한 수많은 공연을 기획했으며 OVP와 OVTC의 행정 및 인력 관리도 담당했다.

2005년 잉그람은 콜린 잉그람 유한회사를 설립하고 올드 빅을 떠났지만 〈빌리 엘리어트〉의 호주 및 뉴욕 공연의 자문위원으로 남게 된다. 〈티파니에서의 아침을〉, 〈바람과 함께 사라지다〉 등의 작품으로 런던과 브로드웨이에서 흥행을 거둔 경험을 바탕으로 콜린은 새로운 뮤지컬인 〈고스트〉의 기획에 착수하고, 그 결과 〈고스트〉는 로렌스 올리비에 어워드에서 최고 뮤지컬상을 포함한 다섯 개 영역에 후보로 오르고 토니 어워드에서는 세 개 부문에 후보로 오름으로써 그의 경험과 재능을 입증해 보였다. 이외에도 드라마 데스크 어워드, 아우터 크리틱스 서클 등의 시상식에서 작품성과 훌륭한 무대 디자인으로 여러 개의 상을 수상했다.

카메론 매킨토시처럼 어린 시절부터 뮤지컬 제작에 꿈을 두고 지속적으로 뮤지컬 업계에서 일해온 인물들도 있으나, 콜린 잉그람처럼 뮤지컬에 대한 꿈을 품고 다양한 학문을 배경으로 지식을 키워오다가 어느 날 갑자기 업계에 뛰어들어 뮤지컬의 큰 변화를 몰고 오는 사람들도 존재한다. 잉그람의 경우 법학과 경영학을 바탕으로 뮤지컬 전체를 기획, 감독하기 때문에 시장성 파악과 재무관리 등 사업 추진 면에서 훌륭한 능력을 발휘하고 있다. 한 편의 뮤지컬 작품이 제작되기 위해서는 극본, 작사 작곡, 연기, 안무와 같은 예술적인 분야의 융합뿐 아니라 사업가의 눈으로 전체 시장을 관망하고 대중의 요구와 작품의 예술성이 교차하는 접점을 정확히 공략하는 능력도 필요하다는 것을 입증해 보인 셈이다. 그런 점에서 다양한 학문을 바탕으로 융합적 시야를 가진 인물들이 뮤지컬 업계로 뛰어드는 것은 뮤지컬 시장의 성장을 견인할 원동력이 될 매우 고무적인 현상으로 보인다.

스 토 리
―

ACT 1

샘과 몰리가 브루클린의 아파트로 이사를 오며 이야기의 막이 오른다. 금융계에 종사하는 샘과 그의 어시스턴트 칼, 도자기 작가로 활동하는 몰리는 모두 친한 친구이며 샘과 몰리는 서로를 깊이 사랑하는 애인 사이다. 다만 몰리가 항상 불만인 점은 그녀가 샘에게 사랑을 속삭이면 그녀에게 돌아오는 것은 "동감Ditto"이라는 샘의 딱딱한 대답뿐이라는 점. 그런 그의 무심함에 몰리는 화를 내고 불평도 하지만 샘은 딱히 바뀌는 것이 없다.

어느 날 샘은 몰리와 함께 저녁을 먹으며 정답게 이야기를 나누다 몰리의 갑작스러운 청혼을 받게 된다. 몰리는 샘이 자신을 정말 사랑하는지 대답을 듣기를 원하지만 뜻밖의 이야기에 당황한 샘은 "동감"이라고 말하며 몰리에게 상처를 준다. 끝까지 사랑한다는 말을 듣지 못한 몰리는 크게 상심하고 식사는 흐지부지 끝나고 만다. 두 사람이 식사를 마치고 집에 가는 도중 강도를 만나게 되는데, 샘이 그만 강도에게 총을 맞아 죽고 만다. 순식간에 닥쳐온 참극에 얼떨떨한 샘은 자신이 영혼의 모습으로 변했다는 사실을 깨닫고 병원으로 간 몰리를 뒤쫓는다. 그는 병원에서 다른 영혼을 만나 자신이 확실히 죽었으며 영혼의 모습으로 변했다는 사실을 깨닫고 허탈해한다.

몰리는 슬피 울며 아파트에서 칼과 함께 샘의 물건을 정리한다. 그러다 그녀가 혼자 남게 되자 샘을 죽였던 강도가 그녀의 집에 숨어들고 그것을 바라보고 있던 샘은 소리를 지르며 경고하지만 몰리에게 들릴 리 없다. 하지만 그녀가 다른 곳을 보는 순간 강도는 집을 빠져나가고 샘은 강도의 뒤를 쫓아간다. 그곳에서 샘은 강도에게 다른 공범이 있다는 사실을 알게 되고 이윽고 몰리조차 죽일 계획이라는 사실을 깨닫는다. 샘은 자신의 목소리를 들을 수 있는 점집의 오다메를 만나 그의 말을 몰리에게 전해주기를 강요한다.

다음날 오다메와 함께 브루클린으로 온 샘은 오다메를 통해 몰리에게 자신의 말을 전한다. 그것을 황당한 소리라 치부하던 몰리는 오다메의 여러 가지 말을 듣고 샘의 존재를 믿게 되며, 칼에게 그 소식을 알린다. 칼은 그것이 정신 나간 소리임이 틀림없지만 한번 알아보겠다고 말한 다음 몰리가 경찰에게 소식을 알리러 떠나자 황급히 그 강도가 사는 곳으로 찾아간다. 영혼의 모습으로 칼을 따라가던 샘이 발견한 것은 차갑고 추악한 진실이다. 샘을 없애고 몰리조차 죽여버릴 계획을 세운 자가 바로 자신의 친한 친구 칼이었음을 깨닫고 그는 배신감에 몸부림친다.

ACT 2

한편 경찰서에서는 몰리에게 오다메의 전과 기록을 보여주며 그녀가 단지 조잡한 사기꾼일 뿐이라 말하고 몰리는 희망이 무너짐을 느낀다. 집으로 돌아온 그녀는 슬픔을 삼키며 물레 앞에 앉아 도자기를 만들고 샘은 그녀를 뒤에서 살포시 안는다. 그때 칼이 찾아오고, 몰리는 슬픔에 겨워 그에게 의지하며 안긴다. 그것을 본 샘이 힘을 사용해 무언가를 부숴버리자 몰리는 당황하여 칼을 내보낸다. 샘은 다시 지하철 유령에게 찾아가서 물건을 움직이는 방법을 확실히 배운 다음 오다메에게 돌아가 그를 한 번 더 도와줄 것을 요구한다. 그때 사주를 받은 강도가 오다메를 찾아내고 그녀를 죽이려 하지만 샘은 힘을 발휘해 강도를 차에 치여 죽게 하고, 강도의 영혼은 지옥으로 끌려간다. 샘은 오다메에게 자신이 칼을 멈추고 몰리를 보호할 수 있도록 도와달라 간청한다.

오다메와 샘은 다시금 몰리를 만나러 가서 샘이 실제로 존재한다는 사실을 결국 입증하고, 칼이 위험한 사람이라고 밝히며 조심하라고 경고한다. 하지만 그때 칼이 들이닥치고 몰리와 오다메를 위협한다. 그러다 결국 오다메와 싸움을 하던 도중 자신의 총에 맞아 죽는다. 칼의 영혼은 지옥에 떨어지고 샘은 오다메에게 작별 인사를 한 다음 몰리에게 사랑한다는 말을 남기고 사라진다.

〈고스트〉는 화려한 영상 기술과 마술 같은 무대, 소품 기술이 조화롭게 융합된 작품이다. 영상 기술은 극의 감정을 극대화시켜줄 뿐 아니라 관객들이 현실과 과거, 사실과 가짜 사이를 쉴 틈 없이 넘나들 수 있도록 이끌고, 무대 기술은 주인공들의 움직임 및 영상 기술과 조화를 이루며 자연스레 뒷받침 역할을 하게 되며, 마술과도 같은 소품 기술로 이 작품의 제목이기도 한 'Ghost'의 존재감이 강화된다.

(1) 샘의 영혼과 지하철 유령의 만남 : 프로젝션 테크놀로지 + 스테이지 테크놀로지

프로젝션 기술은 뮤지컬 〈고스트〉에서 매우 중요한 역할을 담당했다. 6개의 프로젝터와 비디오 벽을 활용해 무대에 맞게 제작된 LED 스크린이 비디오 벽을 이루고, 6개의 프로젝터가 쇼의 밝기를 다양하게 조절했으며, 스크림과 조명의 활용을 통해 무대 공간을 다양하게 구획했다.

무대 구성의 30% 정도는 프로젝션 기술을 사용하고 나머지 70% 정도는 LED를 사용해 구성했는데, 이는 매우 어렵고 많은 노력이 필요한 작업이었다고 전해진다. LED 패널의 경우 30cm×30cm 크기의 패널 700개를 이용해 역동적인 영상과 최첨단 기술을 보여주었다. 움직이는 벽의 속도와 각도에 맞게 송출되는 영상도 함께 움직이도록 하는 데 많은 기술과 노력이 필요했는데, 공연의 30초를 바꾸기 위해서는 거의 4~5시간이 소요되기도 했다.

죽음 이후 영혼이 된 샘은 우연히 만난 다른 유령으로부터 물건을 이동시킬 수 있는 일종의 염력을 배우게 된다. 이들의 첫 만남은 지하철에서 이루어졌는데, 샘을 경계했던 지하철 유령은 자신의 공간에 침범한 샘에게 공격을 가한다.

이 장면을 연출하기 위해 영상 측면에서는 여러 겹의 스크린과 프로젝터, 섬광등 등이 소요되었고 무대 측면에서는 자동화된 무대 장치 이동 기술이 사용되었다.

여러 대의 스크린을 단계별로 설치하고, 가장 뒤에 위치한 스크린에는 지하철이 지나다니는 철로의 벽면을, 뒤쪽의 스크린에는 지하철 내측 벽의 모습을, 앞쪽의 스크린에는 지하철 외측 벽의 모습을, 가장 앞에 위치한 스크린에는 지하철 플랫폼의 모습을 구현한 뒤 지하철의 움직임에 따라 각각의 스크린에도 서로 다른 영상이 입혀지고 서로 다른 속도와 높이로 흔들리도록 구현하여 관객들이 마치 실제로 움직이고 있는 지하철의 내부를 바라보고 있는 듯한 효과를 구현했다.

이 장면의 중반부에서는 일종의 마술쇼가 펼쳐지는데, 배우들의 움

직임 위로 플래시라이트가 빠르게 반짝이며 관객들은 배우나 소품이 공중에 뜬 상태로 미끄러지듯 천천히 움직이는 모습을 보게 된다. 관객들에게 보이는 패널의 뒷면은 조명이 꺼진 상태로, 이 공간을 통해 배우들과 소품들이 이동할 수 있다. 이는 배우들과 기술자들의 완벽한 호흡을 필요로 한다.

또한 양쪽으로 넓게 앉아 있도록 위치해 있던 지하철 좌석이 비디오 영상의 시점 변화에 따라 양쪽으로 마주보게 앉아 있도록 이동하는 등, 프로젝션 테크놀로지와 스테이지 테크놀로지 간의 호흡도 눈여겨볼 만하다.

(2) 화려한 장면 전환과 배경의 구현 : 프로젝션 테크놀로지의 입체적 사용

앞서 언급했듯 〈고스트〉에서는 총 6개의 프로젝터와 700개의 패널로 이루어진 LED 스크린이 비디오 벽을 이루어 입체적인 무대 구현이 가능했다. LED가 켜졌을 때는 화려한 영상과 역동적인 장면들로 무대를 표현하고, LED가 꺼지면 실제 세트가 LED 사이로 투과되어 비치며 새로운 느낌을 선사한다. 배우들 앞에 위치한 스크림이 올라가고 내려감에 따라 무대 전체의 밝기가 조절되며 무대의 생동감을 제공하기도 한다.

극중 남자주인공 샘은 금융계에 종사하는 것으로 묘사되는데, 무대 배경에 정장을 입은 직장인들과 수백 가지의 경제 지표들이 빈틈없이 들어차 있는 모습은 캐릭터의 설정을 직관적으로 이해할 수 있도록 도와준다.

영화 〈사랑과 영혼〉에서 우피 골드버그가 맡은 역할로, 극 전체의 분위기에 흥겨운 리듬을 더해주는 감초 역할 '오다메'는 영혼의 목소리를 들을 수 있는 영매로 샘과 몰리를 이어주는 사랑의 메신저이다. 사기로 잔뜩 돈을 벌어 멋진 남자들과 안락한 삶이 있는 외국으로 떠나겠다는 노래 〈I'm Outta Here〉 장면은 엉덩이를 들썩들썩하게 하는 유쾌한 안무와 브라스 밴드의 연주에 화려한 프로젝션 영상이 더해져 즐거움을 더한다.

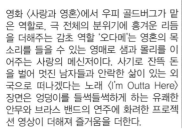

샘의 능력으로 하늘 위에 둥둥 뜨게 된 신문들.

아무도 없는 책상에서 수화기가 스스로 들리는 장면.

(3) 마술의 구현 : 오브젝트 테크놀로지

지하철 유령으로부터 물건을 다루고 움직이는 법을 배우게 된 이후, 샘은 현실 세계에 존재하는 소품들을 움직이며 주변 사람들을 놀라게 한다. 이 장면은 마술사이자 이 작품의 일루저니스트인 폴 키예브에 의해 구현되었다. 뮤지컬 〈마틸다〉에서 마술과 같은 놀라운 장면들을 구현해낸 그는 〈고스트〉에서도 여지없이 그 능력을 발휘했다.

칼에게 나쁜 속셈이 있었음을 알게 된 샘은 자신의 자리를 대신해 승진하게 된 그의 오피스로 찾아가 영혼의 능력을 이용해 겁을 준다. 이상한 소리가 나고, 바람이 스쳐 지나간 듯한 느낌이 들고, 수화기가 스스로 들리는 장면에서 수상한 낌새를 차린 칼은 자신을 벽으로 밀치고 멱살을 졸라 들어올리는 힘에 엄청난 두려움을 느끼게 된다.

수화기가 자동으로 들리는 기술은 〈마틸다〉에서 컵이 넘어지는 장면과 같이 일루저니스트 폴 키예브의 마술 기법으로 구현되었으며, 칼의 몸이 의문의 힘에 의해 들리는 장면에서도 마술의 기법이 활용되었다.

몰리가 빗속을 걷는 장면에서 트레드밀이 작동되어, 빗길을 걸으며 샘을 그리워하는 몰리의 심경이 드러난다.

(4) 트레드밀을 활용한 역동적 장면 연출 : 스테이지 테크놀로지

뮤지컬 〈고스트〉에는 유난히 걷는 장면이 많이 등장한다. 무대와 동일한 색상, 동일한 소재로 이루어져 매립된 트레드밀 위에서 쉴 새 없이 움직이는 배우들과 소품들을 통해, 무대라는 제한된 공간에 무한성이 더해진다.

오다매가 해외 도피를 꿈꾸는 장면에서는 트레드밀 양쪽으로부터 여행용 트렁크들이 등장한다.

(5) 문을 통과하는 샘의 영혼 : 3D 홀로그램 테크놀로지

극중 샘은 영혼으로 다른 배우들과 다른 존재라는 것을 표현하기 위해 다양한 기법을 활용했는데, 그중 하나가 바로 영혼이 된 샘이 처음으로 문을 통과하는 장면이다. 3D 홀로그램 프로젝션 기법을 통해 구현된 이 장면은 영화 속 컴퓨터그래픽보다 한층 더 실감나는 경험을 제공한다.

몰리의 곁을 뒤로하고 떠나가는 샘의 모습 또한 3D 홀로그램 프로젝션을 통해 구현되었다.

(6) 몰리의 곁을 지키는 샘 : 인터랙티브 프로젝션

영혼의 모습을 표현하기에 가장 적합한 기술은 3D 홀로그램 프로젝션 기술이지만, 다른 배우와 가까운 거리에서 구현되거나 신체 접촉이 있는 장면의 경우 프로젝션 장치의 투사를 막아 형태가 왜곡될 우려가 있다. 이를 보완하기 위해 〈고스트〉에서는 '오토 팔로우Auto Follow'라는 신기술이 활용되었다. 배우의 몸에 센서를 부착하고 푸른색 조명이 이를 인식하도록 하는 기술을 통해 관객은 배우들의 움직임 및 표정을 상세하게 관찰할 수 있고, 주인공 샘이 주변 인물들과 다른 존재임을 확실히 구분할 수 있게 됨으로써 무대에 더 집중할 수 있다.

오토 팔로우 기술은 인터랙티브 프로젝션 기술의 하나로, 이 기술로 인해 그 유명한 물레 장면이 완성되었다.

중력이 존재하지 않는, 타잔과 제인의 유토피아.

초연_ 2006년 미국 리처드 로저 극장Richard Rodger Theatre, Broadway, US

기획_ 디즈니DisneyOnBroadway

연출_ 밥 크롤리Bob Crowley

극본_ 데이빗 헨리 황David Henry Hwang

작사·작곡_ 필 콜린스Phil Collins

무대 디자인·의상 디자인_ 밥 크롤리Bob Crowley

안무_ 메릴 탕카드Meryl Tankard

원작_ 에드거 라이스 버로스Edgar Rice Burroughs, 『타잔』(1914)

대표곡_ 〈두 개의 세상Two Worlds〉, 〈정글 펑크Jungle Funk〉, 〈알고 싶어 Need to Know〉

"아~~ 아아아아~~아아아아!" 타잔의 우렁찬 고함소리가 들리는 순간, 그곳은 정글이 된다.

숲 속을 나는 꿈은 빨간 보자기를 어깨에 두른 아이를 정의의 슈퍼맨으로 만들었다. 양손을 거꾸로 들어 눈을 가린 아이는 무적의 배트맨이 되었고, 줄만 보면 매달리던 아이는 타잔이 되어 정글을 수호했다. 단 하나의 도구도 없이 가장 원초적인 인간의 모습으로 중력을 거스르며 하늘을 날았던 그의 모습은 하늘을 날고 싶은 어린아이들의 꿈 그 자체였다. "십 원짜리 팬티를 입고, 이십 원짜리 칼을 차고 노래를 하는" 타잔은 슈퍼맨이나 배트맨에 비해 외형적으로는 약해 보일 수도 있지만, 다부진 체격과 날쌘 몸동작으로 정글 숲을 누비며 표범을 때려

높히고 사랑하는 이들을 지켜내는 그의 모습은 그 어떤 갑옷과 무기로 무장한 사람보다 강하고 아름다워 보인다.

외줄을 타고 나무와 나무 사이를 가로지르며 무대 전체를 지배하는 그의 움직임을 보고 있자면 어린 시절 비행에 대한 열망이 다시 생겨나는 듯하다. 비록 종족은 다르지만 그가 지켜내야 했던 가족들과의 사랑, 그리고 자신의 자아를 찾아 줄을 타고 날아가며 내지르는 타잔의 목소리를 생생하게 담고 있는 이 작품은 초록빛 사랑의 외침을 우리에게 들려주는 중이다.

특징 1

—

〈델라구아다
De La Guarda〉,
진일보한 플라잉
테크놀로지의 정수

성공한 뮤지컬에는 뇌리에 깊이 새겨지는 단 하나의 장면들이 존재한다 〈레 미제라블〉의 바리케이드, 〈오페라의 유령〉의 지하 동굴, 〈미스 사이공〉의 헬리콥터, 〈캣츠〉의 타이어 등 하이라이트 장면들은 테크놀로지와 함께 극적 효과를 나타낸다. 실패 사례 뮤지컬들을 보면 대부분 극적 효과와 테크놀로지가 조화를 이루지 못해 사람들에게 감동을 주지 못한 것으로 분석된다. 뮤지컬 〈타잔〉의 플라잉 장면에서 관객의 상상 속에 존재하는 정글과 타잔, 그 역동성과 대자연의 이미지가 테크놀로지와 함께 원시적인 느낌으로 잘 표현되었다면 보다 성공적인 브로드웨이 뮤지컬로 남을 수 있었지 않았을까, 하는 생각이 든다.

다양한 플라잉 퍼포먼스는 〈델라구아다〉라는 작품에서 이미 등장했으며 매우 훌륭하게 구현되어 극적 긴장감과 역동성을 충분히 표출했다. 한편 뮤지컬 〈타잔〉에서는 일반적으로 관객들이 기대하는 스피디하고 역동적인 플라잉 모션들이 구현되지 못해 우리가 생각하는 타잔의 이미지와 원시의 역동성을 보여줄 수 없었던 점이 아쉬움으로 남는다.

〈델라구아다〉는 플라잉 기술을 활용한 대표적인 작품이다. 물이 쏟아지고 머리 위로 사람들이 날아다니고 어떤 이는 벽을 타고 달린다. 사이킥 조명과 비, 안개, 그리고 과거와 현재가 만나는 듯한 강렬한 리듬을 뒤로하고 육면체의 공연장 내부 공간을 쉴 새 없이 뛰고 날아다니는 배우들은 암벽타기를 연상시키듯 기구를 허리에 매달고 수직으로부터 약 15도의 각도를 유지하며 발을 벽에 딛고 달리기도 한다. 한쪽 벽의 흰 천 위를 상수에서 하수로, 하수에서 상수로 쉼 없이 쫓고 쫓기던 두 남녀가 결국 만나 강렬한 포옹을 하는 장면에서는 온몸을 조여오던 긴장감이 분출되는 듯한 카타르시스가 느껴지기도 한다. 1985년 정치적으로 어수선했던 아르헨티나의 두 청년 발디누Pichon Baldinu와 제임스 Diqui James가 자유와 이상을 꿈꾸며 제작한 이 공연은 맨해튼 시내 유니언 스퀘어의 은행 빌딩을 대럴 로스 극장Daryl Roth Theatre으로 개조하며 브로드웨이로 입성해 엄청난 인기를 구가하게 된다.

"I create other worlds(나는 새로운 세상을 창조한다)."

토니 어워드 6회, 로렌스 올리비에 어워드 1회, 드라마 데스크 어워드 3회 수상을 자랑하는 현대 서양 대표 무대 디자이너인 밥 크롤리는

특징 2

**무대 디자이너,
밥 크롤리**

선과 면의 강렬하고도 단순한 사용으로 가장 현대적인 무대를 연출하는 것으로 정평이 나 있다. 고대 나일강 유역 이집트의 배경과 현대적 패션이 어우러진 경계선에서 아프리카와 아시아의 분위기가 혼합된 〈아이다〉의 성공적인 무대 디자인 이후 디즈니가 가장 선호하는 무대 디자이너가 되었고, 〈메리 포핀스〉, 〈타잔〉, 〈인어공주〉 등 디즈니 유명 작품들의 무대를 창조해냈다. 최근 작품인 〈원스〉에서는 화려함에서 벗어나 원숙미를 바탕으로 단순하지만 철학이 담긴 미니멀한 무대를 보여주었다.

〈타잔〉의 정글은 브로드웨이가 아닌 유럽이었다. 네덜란드에서는 국민의 10분의 1이 〈타잔〉을 관람했고, 독일에서는 국영 방송에서 타잔 역할의 배우를 공개 오디션으로 뽑을 정도로 전 국민의 관심이 대단하다. 타잔은 〈캣츠〉 및 〈오페라의 유령〉과 더불어 그 무뚝뚝하다는 독일 국민들이 가장 사랑하는 3대 뮤지컬로 자리 잡으며 브로드웨이에서 1년 만에 막을 내렸던 참패를 극복했다. 〈타잔〉에서의 다양하고도 참신한 플라잉 장면들은 화려한 무대를 기대하는 브로드웨이 관객들에게는 부족했을지 모르지만, 이야기의 전체적인 서사 구조와 복잡한 감정 요소 및 이와 어우러지는 무대를 선호하는 독일 관객들에게는 큰 사랑을 받았다. 독일에서 현지화를 거치며 플라잉 장면들은 더 늘어났다고 전해진다. 미국에서는 4270만 달러를 벌어들이는 데 그쳤지만, 유럽을 비롯한 해외에서는 미국 대비 다섯 배에 가까운 수익을 올렸으며 이 기록은 계속해서 경신되는 중이다.

밥 크롤리가 타잔에서 선보인 다양한 플라잉 기술은 이후 〈메리 포핀스〉와 〈인어공주〉의 무대 디자인에도 큰 영향을 주었으며, 메리 포핀스가 우산을 타고 하늘을 나는 장면과 〈인어공주〉의 환상적인 바닷속 모습을 완성도 있게 구현해낼 수 있었다. 뿐만 아니라 〈메리 포핀스〉에서 배우가 무대의 네 귀퉁이를 수직으로 걸어서 이동하는 장면이나 〈인어공주〉에서 왕자가 탄 배가 바닷속으로 서서히 가라앉는 장면은 모두 〈타잔〉 속의 특정 장면들을 떠올리게 할 정도로 기술 사용이나 장면 활용 등에서 유사한 면이 많다. 밥 크롤리가 〈메리 포핀스〉와 〈인어공주〉의 무대 디자인으로 대중과 평단의 따뜻한 평가를 받기까지는 〈타잔〉에서의 실험정신이 뒷받침되었음이 분명하다. 오마주 투 타잔!

ACT 1

난파 사고를 당한 젊은 영국인 부부와 그들의 아기가 간신히 살아나 서아프리카 해안에 도착한다. 나무 위에 집을 짓고 생활하던 그들을 표범이 습격해 부부는 죽고 아기만 살아남는다. 표범에게 자식을 잃었던 고릴라 칼라가 살아 있는 아기를 발견해 타잔이라고 이름 짓고 자식 대신 키우게 된다. 칼라의 남편인 커책은 타잔이 그의 부족에 위협이 될 것이라 생각해 반대하지만, 칼라는 고집을 꺾지 않았고 커책 역시 어쩔 수 없이 인간 아이를 키우는 것을 허락한다.

타잔은 쾌활한 고릴라 친구 터크와 함께 즐겁게 성장하지만, 결국 자신이 다른 고릴라들과 다르다는 사실에 풀이 죽고 만다. 칼라는 물가에서 자신의 얼굴을 들여다보고 절망하는 타잔에게 비록 우리는 피부가 다르고 모습이 다르지만 같은 사람이며 같은 가족이라 다정스레 말해준다.

어느새 시간은 흘러 타잔은 소년에서 건장한 청년이 된다. 타잔은 계속해서 무리에 받아들여지기 위해 커책에게 부탁을 해보지만, 그는 고집을 꺾지 않는다. 무리를 위협하는 표범 정도를 잡아와야 커책이 나를 인정해줄까 하는 생각으로 한숨 어린 나날을 보내던 타잔은 정글에서 울려퍼지는 큰 굉음을 듣게 된다. 그것은 영국의 탐험가이자 생물학자인 제인 일행이 쏜 총소리였으며, 타잔은 거대한 거미에게 공격당하는 그들을 구출해주고 호감을 얻는다. 이윽고 타잔은 제인의 모습이 바로 자신의 모습과 닮았다는 사실을 깨닫고 큰 충격에 빠지게 된다.

ACT 2

우연찮게 탐험 캠프를 발견하고 그곳에 있는 물건으로 신나게 놀고 있던 터크와 다른 고릴라 친구들은 제인과 타잔과 만나게 된다. 그때 커책이 등장해 고릴라들을 쫓아내고 인간과의 접촉을 금지시킨다. 하지만 이미 서로를 사랑하게 된 제인과 타잔이었기에 제인은 아버지에게 사나운 원숭이 남자에 대해 신나게 설명한다. 그런데 제인의 일행 가운데 클레이튼이 그 이야기를 듣고 그들의 사랑을 질투하게 된다. 제인은 타잔에게 인간, 그리고 인생이 무엇인지를 설명하고 가르친다. 그런 와

중에 제인은 아버지의 고릴라 사냥을 막으려 하지만 클레이튼의 계략에 속아넘어간 타잔은 고릴라 서식지를 알려주게 되고 커책을 자기 손으로 유인해서 함정에 빠지게 만든다. 타잔은 제인과 함께 영국으로 떠나 살기를 원했지만, 클레이튼에게 커책이 죽고 자기 고릴라 부족이 위협당하는 것을 알게 되자 용감히 맞서 싸워 클레이튼을 죽이고 가족을 지켜낸다. 결국 타잔은 자신의 가족들을 버리고 영국으로 떠나기를 거부하고 그들을 지키는 삶을 살기로 마음먹는다. 제인 역시 타잔과 함께 정글에 남아 새로운 인생을 펼쳐가려 한다.

(1) 중력을 거슬러 : 플라잉 테크놀로지 + 프로젝션 테크놀로지

뮤지컬 〈타잔〉의 대표적 이미지는 여러 명의 배우들이 푸른 정글 사이를 자유롭게 날아다니는 장면일 것이다. 이는 배우의 허리 부분에 플라잉 장치를 장착하거나 플라잉 장치가 장착된 기구를 붙잡거나 그 위에 올라타는 등의 방식으로 이루어지며, 역동성과 속도감을 제공한다는 장점이 있다. 한편 뮤지컬의 도입부에서는 매우 흥미로운 방식의 플라잉 기법이 프로젝션 테크놀로지와 함께 쓰이며 관객들의 눈을 의심하게 하는 장면을 구현해냈다.

커다란 배가 바다 한가운데서 난파되며 영국인 부부가 배 안에서 혼란을 겪다 헤엄쳐 서로의 손을 맞잡게 된다. 우선 프로젝션 테크놀로지 면에서, 무대 앞에 스크림을 설치하고 기울어진 배의 모습을 투사한

풍랑을 만나 침몰 위기에 처한 여객선의 모습을
프로젝션으로 표현했다.

침몰한 배 안에서 헤엄치는 모습은 플라잉 장치를 통해
구현되었다.

뒤 깊은 바다를 암시하는 짙은 남색 빛을 무대 전체에 비춤으로써 바
닷속에 잠긴 배의 모습을 구현했다. 여기서 플라잉 장치와의 조화가 매
우 흥미롭다. 플라잉 장치를 허리에 장착한 두 명의 배우가 바닷속에서
수영하는 듯한 느린 몸동작을 하며 각각 무대 위와 아래에서 가운데를
향해 가까워지는 연기를 선보이는데, 이 모습이 스크린 상의 화면과 겹
치면서 마치 바닷속으로 침몰하는 배 안의 단면도를 눈앞에서 바라보
는 듯한 효과를 자아냈다.

침몰한 여객선 안에서 가까스로 빠져나와 눈을 떠보니, 부부는 한 섬
의 해안가로 떠밀려와 있었다. 기존의 무대였더라면 무대 후면을 바닷가
처럼 꾸미고 조명을 점차 밝게 하며 무대 위에 쓰러진 사람이 등장하는

것으로 이 장면을 표현했을 것이다. 하지만 플라잉 테크놀지를 다양하게 활용한 〈타잔〉에서는 무대 후면에 바닷가의 영상을 띄우되, 관객들이 이 장면을 마치 고공에서 바라보고 있는 것처럼 무대 위쪽은 바닷가, 무대 아래쪽은 해변가로 표현했고, 몸에 연결 장치를 장착한 배우들이 무대 위쪽에서 아래쪽으로 쓸려오며 해변가로 등장하고, 정신을 차린 이후에는 무대 후면의 벽면을 딛고 수직으로 천천히 걸어 내려오며 섬 내부로 진입하는 모습을 표현했다. 결과적으로 관객들은 극적 긴장감이 표현되는 장면을 기존에 없던 참신한 눈으로 바라볼 수 있게 되었다. 이는 매우 새로운 시각의 전환이자 기술의 효과적인 활용방법으로서, 〈타잔〉을 대표하는 또 하나의 무대 기술이라고 말할 수 있을 것이다.

해안가로 쓸려온 부부의 모습. 연결 장치를 통해 무대 상부에 매달려 있다.

섬 내부를 향해 천천히 걸어가는 부부의 모습. 이들은 사실 무대 위에서 몸을 꼿꼿이 세우고 수직으로 걸어 내려오고 있다.

뮤지컬 〈메리 포핀스〉에서 천장을 걷는 모습.　　　　　　뮤지컬 〈메리 포핀스〉에서 측면 벽을 수직으로 걸어 내려오는 모습.

　　뮤지컬 〈메리 포핀스〉에서는 이와 유사한 기술을 활용한 장면이 등장한다. 〈Step in Time〉을 부르는 장면에서는 많은 배우들이 무대 위에서 탭댄스를 추며 관객들의 흥을 돋우는데, 여기서 한 명의 배우가 플라잉 장치를 몸에 장착하고 천장과 벽을 자연스럽고 천천히 걷는다. 중력을 무시하는 듯한 이 움직임은 무대 위의 흥겨운 리듬과 조화를 이루며 뮤지컬 〈메리 포핀스〉의 명장면을 만들어냈다.

(2) 눈앞의 정글 : 다양한 플라잉 테크놀로지

　　뮤지컬 〈타잔〉에는 매우 다양한 방식의 플라잉 기술이 등장한다. 고릴라들과 타잔은 내셔널지오그래픽 다큐멘터리 프로그램에서 본 그대

여러 마리의 고릴라들이 줄을 타고 움직이는 장면은
뮤지컬 〈타잔〉이 제공하는 전매특허 볼거리이다.

타잔은 플라잉 장치를 장착하고 줄을 잡고 관객석과
무대 구석구석을 종횡무진 누빈다.

로, 정글 숲의 나무덩굴을 타고 "아아아~" 소리를 내면서 숲 속을 자
유롭게 날아다니며 이동한다. 무대 위에서는 정글을 표현하는 무대 장
식과 유사한 색상의 로프를 잡고 이동했는데, 여타 작품에서 관객들이
가능한 한 눈치채지 못하고 실제로 날고 있는 것처럼 보이게 하기 위해
플라잉 장면에서는 플라잉 장치의 줄을 최대한 가늘게 하거나 색을 어
둡게 했던 것과 달리, 〈타잔〉 속 주인공들은 플라잉 장치의 초록색 줄
을 오히려 강조하여 실제로 유인원들이 정글에서 이동하는 장면과 유
사한 모습을 연출할 수 있었다.

고릴라들은 플라잉 장치를 몸에 장착하고 줄을 타고 이동하며, 무대 중앙부의 구조물 자체에도 플라잉 장치가 장착되어 있어 무대 상부로 상승하는 움직임을 보인다.

제인이 정글을 탐험하던 도중 대형 거미줄에 걸려 위기에 처하는 장면 역시 플라잉 기술을 통해 구현되었다.

제인의 정글 탐험에서 등장하는 아름다운 나비는 플라잉 장치를 몸에 장착하고 머리의 위치를 위아래로 바꿔가며 우아하게 움직이는데, 이는 이후 타잔과 제인의 사랑을 축복하는 장면에서 등장하여 아름다운 배경과 조화롭게 어우러진다.

(3) I Need to Know : 프로젝션 테크놀로지

고릴라 세계에서 고릴라로 키워져 고릴라로 살아온 타잔은 제인을 만난 후, 자신이 다른 고릴라들보다 제인과 더 가깝다는 것을 느끼게 되며 인간에 대한 모든 것을 배워나가고 싶어 한다. 제인은 타잔을 도와주며 우선 언어를 가르쳐주는데, 이들의 학습 장면이 무대 위에 프로젝션으로 구현되어 동화적이고 따뜻한 분위기를 자아낸다.

(4) 아기 타잔 : 오브젝트 테크놀로지

부모를 잃은 어린아이와 아이를 잃은 어미 고릴라가 운명적으로 만났다. 따뜻한 마음을 가진 어미 고릴라 칼라는 부모를 잃고 바둥대는 어린아이를 보고 자신의 아이로 키울 것을 다짐한다. 일반적으로 무대에서 실제 갓난아이를 배우로 활용하는 데는 많은 어려움이 따르기 때문에 실물 크기의 인형이나 포대기에 싸인 모습 등으로 대신하는데, 뮤지컬 〈타잔〉에서는 몸을 바둥거리는 기계 소품을 활용함으로써 갓난아기의 움직임을 표현해 사실성을 더했다.

반지의 제왕

절대반지를 향한 원정대의 모험.

초연_ 2006년 캐나다 토론토 프린세스 오브 웨일즈 극장Princess of Wales Theater, Toronto, Canada. 2007년 영국 웨스트엔드 로알 드루리 래인 극장Theater Royal Drury Lane, London, UK. 2015년 월드 투어 준비 중

기획_ 케빈 월렛Kevin Wallace, 사울 자엔츠Saul Zaentz

연출_ 알렉스 팀버Alex Timber

무대 디자인_ 롭 호웰Rob Howell

극본_ 매튜 워커스Matthew Warchus, 숀 매케나Shaun McKenna

작곡_ 알라 라카 레만A. R. .Rahman, 바르티나Värttinä(핀란드의 포크뮤직 밴드), 크리스토퍼 나이팅게일Christopher Nightingale

작사_ 매튜 워커스, 숀 매케나

원작_ 톨킨J. R. R. Tolkien, 『반지의 제왕The Lord of the Rigns』

대표곡_ 〈여정은 계속 된다The Road Goes On〉, 〈로스로리엔Lothlórien〉, 〈희망의 노래The Song of Hope〉, 〈마지막 전투The Final Battle〉

인생에 대한 여러 가지 은유가 있다. 혹자는 길고 고된, 하지만 그 끝엔 달콤하고 긴 휴식이 반드시 기다리고 있는 마라톤에 비유하기도 하고, 정신없이 오르고 올라 정상을 맛본 후 발길을 돌려 올라왔던 길로 내려가다 보면 올라갈 때는 보지 못하던 아름다운 자연과 그 속의 의미를 깨닫게 된다는 점에서 등산에 비유하는 사람들도 있다. 하지만 어찌 그 길이 평온하고 아름답기만 할까. 숨이 차오르고 심장이 터질 듯한 아픔이 느껴질 때마다 당장이라도 발걸음을 멈추고 싶은 유혹이 뇌리에서 떠나지 않으며, 조금이라도 방심하면 추락할 것만 같은 아찔한 낭떠러

지가 자꾸만 우리를 끌어당길 때, 두려움은 축축한 안개처럼 가슴에 스며든다.

우리는 이제 저 힘없는 호빗, 절대반지를 손에 쥐고 있지만 한없이 나약한 프로도에게 우리 자신의 모습을 겹쳐본다. 그는 여행을 원하지 않았다. 모험에도 관심이 없었다. 하지만 그에게는 크나큰 사명이 존재했고 수없는 난관과 역경이 가득 찬 길임을 알면서도 기꺼이 첫 발자국을 뗄 수 있는 용기가 있었다. 이 강렬한 모험담을 지켜보며 포기하는 용기가 무엇인지를 깨닫고 두려움을 똑바로 직시하는 담대함을 발견했다면, 그것들은 인생에서 탐욕과 권력의 절대반지를 원하며 살아가는 우리를 부끄럽게 만들 수 있을 것이다.

특징 1
―
프로젝션과 LED
―영상을 표현하는
두 가지 방법

프로젝션과 LED는 무대에서 영상을 표현하는 가장 대표적인 방법이다. 중세의 어느 도시를 닮은 가상의 세계를 배경으로 하는 뮤지컬 〈반지의 제왕〉에서는 대부분의 장면들이 프로젝션 테크놀로지로 구현되었다. 한편 화려한 영상과 신나는 무대가 특징인 뮤지컬 〈드림걸즈〉에서는 LED를 중심으로 배경을 구현한다. 여기서 우리가 무대에서 해결해야 될 프로젝션과 LED의 차이점이 드러난다.

프로젝션은 스크린을 통해서 빛을 받아 반사해서 보여주는 것이고, LED는 개별 소자가 직접 빛을 내뿜는 발광체이다. 따라서 영상미나 현실감, 색채감 등의 관점에서 볼 때는 프로젝션을 통한 영상이 훨씬 부드럽고 자연스럽다. 반면 LED의 빛은 정확하고 밝기 때문에 세련되고 과학적이고 디지털화된 느낌이 강한 한편 다소 차갑고 인간적이지 않게 느껴지기도 한다.

무대의 성격에 따라 상이하겠지만, 공연을 보러 오는 많은 사람들은 아름다운 미술 작품을 보는 듯, 따뜻한 유화를 감상하는 듯 예술적인 느낌의 무대를 원하기 때문에 자연스러운 분위기를 주는 프로젝션 기술이 더 널리 사용되고 있다. LED 기술의 경우 기존의 한계점을 보완하기 위해 패널 위에 반투명 스크린 등을 덧대어 직접적인 빛의 발산을 통제하는 방식으로 색감을 중화시킨다.

1937년에서 1949년 사이에 쓰인 이 소설은 원래는 한 권으로 계획되었지만 방대한 세계관의 확장과 튼튼한 서사구조를 바탕으로 세 권으로 나뉘어 출판되었다. 저자인 톨킨이 관심을 가지고 있던 언어학과 북유럽 및 켈트족의 신화를 기반으로 창조된 이 세계 안에는 인간을 비롯하여 호빗, 엘프, 오크, 드워프 등 여러 종족이 이룩해낸 겹겹의 세계와 각각의 역사적, 언어학적 배경이 포함되어 있다. 이 거대한 서사는 2000년 초 총 3편의 영화로 제작되어 전 세계적인 사랑을 받았으며, 그 열기는 2006년 캐나다 토론토와 2007년 영국 웨스트엔드에서 장장 3시간, 3막에 달하는 초대형 뮤지컬로 재탄생되었다.

비록 10년 이상의 긴 시간 동안 쓰인 책이 9시간 분량의 스크린 위

특징 2
–
톨킨의,
톨킨에 의한,
톨킨을 위한
톨키니스트들의
꿈

로, 3시간 길이의 무대 위로 축약되어오며 많은 의미가 함축되고 생략되었다는 아쉬움은 있으나, 반지의 의미와 그 의미를 찾아가는 모험의 발자취는 여전히 생생히 살아 있다.

〈반지의 제왕〉에서 반지는 인간의 선과 악이 교차하며 만들어낸 권력이라는 가장 큰 죄악을 의미한다. 암흑군주 사우론이 만든 절대반지를 갖게 되면 세상을 지배할 권력과 힘을 소유하게 되지만 그것들은 필연적으로 선과 악을, 저들과 우리를, 그리고 약자와 강자를 구분짓는 도구로 변질된다. 저자 톨킨은 진정한 행복이란 그 권력의 반지를 모르도르의 용암 속으로 용기 있게 던져버릴 때에야 찾아오는 것이라고 우리에게 전하고 있다.

스토리
—

ACT 1

중간계의 평화로운 호빗 마을 샤이어에 살고 있는 부유한 호빗 빌보 배긴스는 어린 조카 프로도 배긴스와 함께 평화로운 삶을 누리는 중이다. 그는 자신의 11번째 생일 파티에서 자신의 보물 1호인 마법의 절대 반지를 이용해 사라지는 이벤트를 열었지만, 그 반지는 암흑의 군주 사우론이 세계를 정복하기 위해 찾고 있는 절대반지였다. 회색의 마법사 간달프는 그것을 운명의 산 모르도르의 용암 속으로 던져 파괴할 계획을 세우고, 프로도와 그의 친구들인 샘와이즈 갬지, 메리 브랜디 벅과 피핀들에게 반지 파괴의 임무를 부여한다. 샤이어를 떠나온 프로도 일행은 브리 마을의 프랜싱 포니 여관에서 술집 손님들과 함께 신나게 노래와 춤을 즐기지만 사우론의 종인 블랙 라이더들이 반지를 감지하고 추적해온다. 하지만 정체 모를 레인저인 스트라이더의 도움으로 블랙 라이더들을 피해 탈출한 후 간신히 엘프 도시 리븐델에 도달한다. 리븐델에서 그들을 기다리는 것은 땅의 계승자이자 스트라이더 아라곤의 연인인 엘프 아르웬. 그리고 그녀의 아버지인 엘론드는 프로도가 모르도르로 반지를 운반하여 파괴하는 임무를 옆에서 도울 '반지 원정대'를 결성하기 위해 엘프, 인간, 난쟁이 위원회를 급히 호출한다. 그 결과 호빗족인 프로도와 그의 세 동료들, 아라곤, 인간 전사 보로미르, 엘프 레골라스, 난쟁이 김리, 그리고 위대한 마법사 회색의 간달프가 반지 원정대의 일원이 되며, 아르웬과 리븐델의 사람들은 반지 원정대를 보호하고 길을 안내할 요정 에아렌딜의 거룩한 힘을 불러 프로도에게 맡긴다. 그 와중에 반지 원정대는 여정 중에 파괴된 고대 드워프 광산 모리아를 지나면서 고대 악마인 발록을 만나게 되고, 간달프는 동료를 지키기 위해 외다리 위에서 발록과 맞서 싸우다 깊은 어둠 속으로 같이 추락하고 만다.

ACT 2

반지 원정대는 간달프의 죽음을 슬퍼하며 로스로리엔에서 큰 힘과 지혜의 요정 갈라드리엘이 수호하는 신비한 영역으로 몸을 피한다. 남쪽으로 계속되는 여정 속에서 보로미르가 갑자기 반지의 마력에 홀려 프로도에게서 반지를 빼앗으려 하지만, 반지를 가지고 간신히 도망친 프로도와 샘은 원정대로부터 떨어져나오게 되며, 남아 있던 보로미르는 그들을 추격해온 오크와의 전투 중에 사망한다. 이후 프로도와 헤어져버린 아라곤 일행은 방황하다 왕의 땅이 사루만의 힘과 모르도르의 오크에 의해 공격을 받고 있다는 소식을 듣고 왕의 도시에 합류해 도시 방어를 준비한다. 그리고 프로도와 샘은 타락한 호빗, 오랫동안 반지의 소유자였으며 그것을 호시탐탐 노리며 빼앗고 싶어 하는 골룸을 여행에 합류시키고 만다. 하지만 골룸은 곧 그들을 배신할 계획을 짜는 중이다.

ACT 3

아라곤은 아르웬과의 사랑을 이루고 혼인을 하기 위해 악의 세력을 물리치고 자신의 왕권을 되찾기를 원하고 있다. 한편 골룸은 프로도에게서 반지를 빼앗기 위해 샘과 프로도를 속여 거대한 거미의 은신처로 안내하지만, 두 호빗들은 갈라드리엘의 수호 마법에 의해 보호된다. 긴 여정과 모험 끝에 프로도와 샘은 드디어 반지를 파괴할 수 있는 모르도르의 용암에 도달하지만, 프로도는 갑자기 반지의 힘에 욕심이 생겨 그 소유권을 주장하며 자신이 반지를 가지려 한다. 한편 갑자기 골룸이 나타나 프로도에게서 억지로 반지를 빼앗아 가지지만, 균형을 잃고 반지와 함께 용암 속으로 떨어진다. 골룸은 순식간에 재로 변하고 반지는 영원히 파괴되었으며 세상은 평화를 되찾는다. 아라곤은 왕이 되어 아르웬을 왕비로 맞이하고, 나머지 위대한 엘프들은 영원히 중간계를 떠나 서쪽의 땅으로 떠나가려 한다. 프로도는 자신의 친구들에게 작별을 고하고 엘프들과 함께 배에 올라타 다시금 서쪽을 향한 긴 여행을 시작한다.

(1) 갈라드리엘의 아리아와 아름다운 로스로리엔 : 플라잉 테크놀로지 ＋스테이지 테크놀로지

기 술 적 용 사 례
－

북유럽 신화 및 켈트족의 신화에서는 요정이나 신과 같이 하늘을 날 수 있는 존재가 많이 등장한다. 이를 사실적으로 표현하기 위해 뮤지컬 〈반지의 제왕〉에는 다양한 플라잉 기술들이 등장한다. 어깨 부위의 연결고리를 이용해 탈착식 플라잉 장치를 입는 방식이나 고관절 부위에 연결하여 공중제비를 돌 수 있도록 연결하는 방식 등, 배우의 특성과 필요 효과에 따라 여러 가지 플라잉 기술들을 구분해 적용했다. 전체적인 무대는 16개의 유압식 시저 리프트와 중앙 리프트, 제어장치를 통합하여 구성되었다.

황금 숲의 요정 갈라드리엘이 황금색 레이스가 길게 늘어진 화려한 드레스를 입고 플라잉 장치를 이용해 여신처럼 등장한다. 여기에는 총 26개의 윈치가 사용되는데, 이 중 2개는 단일 와이어 윈치로 초속 3미터의 속력을 내는 특수효과를 위해 사용되며 6개의 윈치는 배우들의 플라잉을 위해 사용되었다고 한다. 무대 엔지니어들은 움직이는 속도를 조절할 수 있고 복잡한 움직임들을 구현해낼 수 있었다. 갈라드리엘이 등장할 때 로스로리엔의 많은 엘프들은 그녀의 뒤에서 공중제비를 돌거나 다양한 안무를 구사하는 등 환상적이고 우아한 노래와 숲의 분위기에 걸맞은 움직임을 표현한다.

아름답게 회전하며 내려오는 갈라드리엘을 감싸던 숲의 나무 넝쿨로 사용되던 무대 구조물들이 점차 넓게 펼쳐지며 대형을 갖춰 갈라드리엘을 호위하는 돔 형태를 이룬다.

(2) 전투 장면 : 스테이지 테크놀로지＋로봇 액터 테크놀로지＋프로젝션 테크놀로지

신화 속 괴물을 표현하는 데는 애니메트로닉스 기술이 활용되었다. 천천히 날개를 펴거나 다리를 움직이는 등 기계로 만들어진 몸의 일부를 원격 조정할 수 있도록 프로그램화하여 무대에 생동감과 실재감을 더했다.

먼 옛날 지구 표면이 하나의 거대한 덩어리인 팡게아로 이루어졌다가 맨틀의 대류와 융기로 인해 지금과 같은 형태로 분리되고 높낮이가 다양해진 것처럼, 뮤지컬 〈반지의 제왕〉의 무대 또한 다양한 장면에 맞추어 분리와 융기, 회전을 반복해 보여준다.

전투 장면에서는 분리된 무대들 사이를 뛰어다니며 바위와 계곡을 건너 싸우는 듯한 현실감을 제공했으며, 무대 전체가 일제히 융기해 회전하며 극중 내용을 강조하기도 했다.

격투 장면 일부에서는 무대 중앙부 주인공의 움직임을 확대해 무대 뒤편 벽에 송출함으로써 주인공의 모습을 더 실재감 있게 관찰할 수 있도록 했다.

숲 속의 저녁, 무성한 덩굴 숲에 제단처럼 높이 융기된 무대 사이로 나 홀로 조명을 받는 주인공과, 그 뒤 프로젝션을 통해 구현된 달빛이 조화를 이루어 신비로운 분위기를 자아낸다.

간달프와 갈라드리엘이 바라보고 있는 눈앞의 꽃밭은 이리저리 회전하며 평화로우면서도 단조롭지 않은 무대를 조성한다.

로봇, 뮤지컬을 만나다

〈반지의 제왕〉에는 총 두 번의 대형 전투 장면이 등장한다. 중세 신화에 등장하는 다양한 형태와 크기의 크리처들과 그들이 만들어내는 분위기 및 역동성을 표현하기 위해 무대 위에 다양한 기술들을 접목시켰다.

무대가 여러 조각으로 갈라지는 이와 같은 기술은 3개의 컨트롤 데스크를 통해서 이루어지며, 각각의 데스크는 6개의 재생 버튼과 키보드, 비상 정지 버튼, 표준 조작 제어 장치 및 15인치의 터치 스크린으로 이루어져 필요 상황에 따라 무대를 자유롭게 조작할 수 있도록 한다. 무대 전체를 구현하는 데는 자동으로 움직이는 99개의 축이 사용되었다.

(3) 반지 원정대가 가는 길 : 스테이지 테크놀로지 + 프로젝션 테크놀로지

환상적 분위기를 연출하기 위한 다양한 기술들을 활용해 현존하지 않는 신화적 세계를 구현해냈다.

마이클 잭슨:
더 이모털 월드 투어 & 더 원

—

팝의 황제 마이클 잭슨이 무대 위로 돌아와 춤추고 노래하며

사랑과 평화의 메시지를 전한다.

초연_ 더 이모털 투어 : 2011년 캐나다 몬트리올 벨 센터Bell Center, Montreal, Canada

더 원 : 2013년 미국 라스베이거스 맨들레이 베이 리조트 앤 카지노 Mandelay Bay Resort & Casino, Las Vegas, Nevada, U.S

기획_ 태양의 서커스Cirque du Soleil

극본 · 연출_ 제이미 킹Jamie King

크리에이션 디렉터_ 더더 이모털 투어 : 샹탈 트랑블레Chantal Tremblay

더 원 : 웰비 알티도어Welby Altidor

음악_ 마이클 잭슨Michael Jackson

뮤지컬 디자이너_ 케빈 앙투네스Kevin Antunes

무대 및 소품 디자이너_ 더 이모털 투어 : 마크 피셔Mark Fisher, 마이클 커리 Michael Curry

더 원 : 프랑소와 세귄Fransois Séguin

프로젝션 디자이너_ 더 이모털 투어 : 올리비에 굴레Olivier Goulet

더 원 : 레이몬드 생장Raymond St-Jean, 지미 라카토스 Jimmy Lakatos

더 원 중 〈맨 인 더 미러〉 신 크리에이터 : 미셸 르뮤 Michel Lemieux, 빅터 필롱Victor Pilon

대표곡_ 〈맨 인 더 미러Man In The Mirror〉, 〈힐 더 월드Heal The World〉, 〈스릴러Thriller〉, 〈유 아 낫 얼론You Are Not Alone〉, 〈빗 잇Beat It〉, 〈어스 송Earth Song〉, 〈아일 비 데어I'll Be There〉, 〈블랙 오어 화이트Black or White〉, 〈빌리 진Billie Jean〉 등

그가 돌아왔다. 화려한 조명을 받으며 검은색 중절모를 눌러 쓸 때 '살아 있는 팝의 황제'라 칭송받던 그는 이제 영원한 '팝의 황제'가 되었다.

〈마이클 잭슨: 더 이모털 월드 투어〉는 〈태양의 서커스〉 팀이 마이클 잭슨의 노래로 제작한 첫 번째 작품이다. 〈태양의 서커스〉 고유의 아크로바틱 서커스 퍼포먼스와 실제 콘서트장을 방불케 하는 화려한 무대 효과로 러닝타임을 가득 채웠던 그 공연은 마이클 잭슨의 죽음 이후에도 그를 하염없이 그리워하던 팬들의 힘인지, 아니면 〈태양의 서커스〉 고유의 마법과도 같은 무대를 보고 싶어 하는 관객들의 힘인지 몰라도 오픈 24시간 만에 20만 장의 티켓이 팔리고, 런칭 두 달 만에 1억 달러 이상의 티켓 판매고를 기록하며 전 세계적인 사랑을 받았다.

현재 월드 투어는 2014년 8월부로 종료된 상태이나 2013년 6월부터 미국 라스베이거스 맨들레이 베이 리조트 앤 카지노에서 〈마이클 잭슨: 더 원〉 공연이 마이클 잭슨의 목소리를 이어가는 중이다. 〈이모털 월드 투어〉와 마찬가지로 〈태양의 서커스〉 팀과 마이클 잭슨 재단의 파트너십으로 이뤄진 이 작품은 영원한 팝의 황제, 바로 그 사람the ONE을 기리는 공연으로, 투어 형식이 아닌 라스베이거스의 한 대형 극장에서 오픈 런으로 진행되고 있다. 옴니버스 형식의 퍼포먼스로 진행되었던 〈이모털 월드 투어〉에 캐릭터와 스토리라인을 부여해 극의 시작부터 끝까지 하나의 주제로 이어지게 함으로써 관객들의 몰입도를 증가시켰다. 생명의 경중이 어디 있겠으며 헛되지 않은 죽음은 하나도 없지만, 마이클 잭슨의 죽음은 전 세계인의 가슴을 아프게 하는 충격적인 사건이었다. 잭슨이 세상에 남긴 수많은 춤과 노래를 들으며 그의 모습을 떠올리곤 하는 팬들은 그가 죽기 전에 준비했던 마지막 콘서트 준비를 촬영한 다큐멘터리 〈THIS IS IT〉이 세상에 등장했을 때 열광했다. 10년 동안의 공백기 이후에 마지막으로 준비했던 50일간의 투어 콘서트의 리허설 모습에는 완벽한 무대를 구현하는 마이클 잭슨과, 그와 오랜 시간 함께 일해온 세션 및 스태프들, 그와 같은 무대에 함께 선 것만으로도 엄청난 영광과 행복을 느끼는 댄서들이 등장한다. 미묘한 악기 편성이나 사소한 동선까지도 일일이 체크하며 누구를 대하든 공손하게 부탁하는 잭슨의 모습은 우리에게 잔잔한 감동을 보내준다.

음악에 대한 신중한 자세와 완벽을 기하는 꼼꼼함, 화려한 음색, 어린아이들과 팬들에 대한 순수한 마음으로 많은 이들의 우상이 된 마이클 잭슨은 'Thriller' 앨범으로 9곡의 수록곡 중 7곡이 빌보드 차트 톱 10에 진입했고, 수록곡 9곡 모두가 빌보드 댄스 차트의 1위를 차지하는 기염을 토해냈으며, 1984년 그래미 상에서는 총 12개 부문에 노미네이트 되어 8개 부문에서 수상하는 놀라운 기록을 만들어내기도 했다. 뿐만 아니라 인종과 국가의 경계를 초월해 흑인 가수들이 음악계의 중심에 진입할 수 있도록 기회를 마련해주었다는 점, 뮤직비디오에 예술성과 스토리를 가미하여 '눈으로 즐기는 음악'이라는 새로운 영역을 창조해냈다는 점, 세계 평화를 위해 'USA for Africa'라는 초호화 세션을 결성하여 〈We Are The World〉를 녹음했다는 점 등 숫자만으로는 표현할 수 없는 사회적 영향력 또한 대단하다.

그러던 중 수많은 팬들의 눈을 의심하게 하는 사건이 벌어진다. 마이클 잭슨의 콘서트가 화려하게 부활한 것이다! 특수 프로젝션 기술을 활용해 마이클 잭슨이 살아 움직이며 춤추는 것을 홀로그램으로 구현시켜 무대에 세운 〈마이클 잭슨: 더 이모털 월드 투어〉는 전 세계를 열광케 했다. 막이 오르고 잭슨 5 시절 마이클 잭슨의 어린 시절과 전성기의 모습이 LED 패널에 가득 찬다. 그의 히트곡들이 울려퍼지며 관객석의 열정이 극에 달한 순간, 마이클 잭슨이 특유의 블랙 슈트를 입고 모자를 쓰고 장갑을 낀 모습으로 등장한다. 홀로그램으로 구현되었으나 관객들의 반응은 실제로 그가 살아서 돌아온 듯 열광적이다. 약 3년간 진행된 이 투어는 잭슨을 그리워하는 많은 팬들의 갈증을 풀어주었으며 이후 라스베이거스 뮤지컬 〈마이클 잭슨 더 원〉의 모태가 되었다.

고인이 된 그를 노래로, 스크린으로, 그리고 이제는 입체 영상으로 만날 수 있다는 것은 더없는 행운이자 감동이다. 한 시대를 풍미한 대중가수를 넘어 문화적 아이콘으로 남은 그에 대한 오마주는 앞으로도 더 발전, 지속될 것으로 보인다.

스토리

–

마이클 잭슨: 더 원

세상에 적응하지 못하는 네 명의 주인공들misfits이 마이클 잭슨이 주는 도움과 용기를 통해 기계 괴물 메피스토로부터 승리한다.

각각 네 명의 주인공들은 마이클 잭슨의 상징적 소품들을 몸에 착용함으로써 힘을 얻게 된다. '클럼지Clumsy'라는 캐릭터는 마이클 잭슨의 흰 양말과 검은 로퍼를 착용해 단점을 극복하게 되고, '샤이Shy'는 마이클 잭슨의 선글라스를 착용함으로써 내성적인 면모를 탈피한다. 스마티 팬츠Smarty Pants는 마이클 잭슨의 페도라를 쓰면서 우아함을 갖게 된다. 마지막으로 스니키Sneaky는 마이클 잭슨의 반짝이는 장갑을 끼고 유쾌한 무대를 선보인다.

주인공들을 방해하는 기계 괴물 메피스토는 TV나 카메라, 플래시, 마이크, 전구, 감시 장비 등으로 이루어진 파파라치와 타블로이드 미디어를 상징한다. 다양한 캐릭터와 일관성 있는 스토리라인, 화려한 무대와 더불어 홀로그램으로 구현된 마이클 잭슨이 댄서들과 함께 합을 맞춰 춤을 추는 장면은 이 공연의 하이라이트이다.

The Vortex: 네 명의 주인공들이 무대로 등장하고 소용돌이 안으로 휩싸인다.

Time Tripping: 모두가 마이클 잭슨의 상상이 만든 마법의 세계로 들어간다. 〈Beat It〉 노래와 함께 번지 퍼포먼스가 펼쳐진다.

Hide & Seek: 메피스토와 그의 부하들이 등장한다.

Lost and Alone: 한 거지 소년의 외로움을 보고 공중에서 곡예사가 내려와 애통함을 표현한다. 이 장면은 〈Stranger in Moscow〉 노래를 바탕으로 연출되었다.

Clumsy and the Shoes: 클럼지가 마이클 잭슨의 마법의 로퍼의 힘을 받아 공중 줄 곡예 연기를 펼친다.

The Smooth Criminals: 메피스토의 부하와 마이클 잭슨의 댄서 군단 사이의 전투 장면이 펼쳐진다.

Human Nature / Michael's Magic Trunk: 윙크가 무대 위로 미끄러지듯 내려와 〈Human Nature〉에 맞추어 무대를 꾸민다.

Shy and Glasses: 샤이가 마이클 잭슨의 선글라스를 쓰고 나서 그녀 안에 있던 내면의 힘을 깨닫게 된다. 그 용기를 바탕으로 메피스토에 맞서 화려한 무술을 선보이며 대항한다.

The Warriors of Peace: 마이클 잭슨의 댄서 군단이 정지 화면과도 같은 군무를 선보이며 메시지를 전달한다.

Ngame Gives Birth: 그림자가 드리워지고 여신 나마가 등장하며 새로운 시작을 알린다.

Our Heros Regroup: 스마티 팬츠가 마이클 잭슨의 마법의 모자를 발견하고, 그의 순수했던 동심을 되찾게 된다.

Smarty Pant & The Hat: 스마티 팬츠가 모자를 활용한 저글링 퍼포먼스에 참여한다.

MJ's Girls: 마이클 잭슨에 대한 오마주를 표현하는 소녀 소년들이 협력해 댄스 무대를 선보인다.

Dirty Diana: 메피스토의 뮤즈 더티 다이애나가 폴 댄싱을 선보이며 등장한다.

Sneaky & The Glove: 스니키가 "hand in glove" 연기를 펼친다.

The Billie Jeans: 마이클 잭슨 댄서 군단이 LED 의상을 입고 음악에 맞춰 춤을 춘다.

Mephisto's Trap: 메피스토의 부하인 타블로이드 정키가 늑대개로 변신하고 영웅들과 부적들이 사로잡힌다.

Mephisto Triumphant: 〈Thriller〉 노래가 흐르며 메피스토의 승리를 축하하는 장면에서는 트램펄린과 트램펄린 벽을 활용한 공중 제비 연기가 펼쳐진다.

Sneaky & Mephisto Transform: 부적들이 다시 소환되고 스니키는 사랑의 힘으로 메피스토를 격파한다.

Ngame's Tribute to Michael: 여신 나마가 마이클 잭슨와 듀엣 연기를 선보인다.

Michael's spirit is brought to the stage: 마이클 잭슨의 영혼이 출연진 및 관객들에게 퍼져나가며 〈Man in the Mirror〉 노래와 함께 그의 환영이 등장한다.

Electric Love Parade: 모든 출연진들이 등장하여 무대를 이룬다.

Walk Out: 마이클 잭슨의 메시지가 전달되며 무대가 마무리된다.

(1) 마이클 잭슨과 함께 춤을 : 3D 프로젝션 테크놀로지

〈마이클 잭슨: 더 이모털 월드 투어〉에서 가장 이슈가 되었던 장면은 바로 마이클 잭슨의 입체 영상이 춤을 추는 모습이었다. 그 당시에는 주변 모든 조명을 최소화하고 마이클 잭슨의 입체 영상을 무대 가운데에 띄웠는데, 이는 3D 프로젝션 테크놀로지의 특성상 주변의 빛 간섭과 주변 배우들의 움직임에 의한 영상의 왜곡을 최소화해야 하기 때문

2014년 빌보드 뮤직 어워드 'Slave to the Rhythm' 무대 연출.

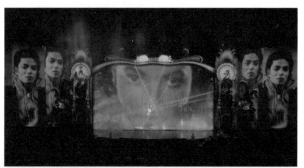

이다. 영상의 해상도 및 조도의 문제로 주변 인물들과의 차이가 두드러지는 것을 방지하기 위함이기도 하다. 한편 〈마이클 잭슨: 더 원〉 공연에서는 댄서들과의 군무를 표현할 수 있었는데, 이는 주변 조도를 최소화하고 마이클 잭슨 주변 댄서들에게도 마이클 잭슨의 홀로그램과 유사한 옅은 푸른빛이 나도록 처리해 개체 간의 시각적 차이를 최소화함으로써 자연스럽게 처리되었다. 이 무대를 전체 감독한 제이미 킹은 이후 2014년 빌보드 뮤직 어워드에서 같은 기술을 확대, 발전 적용하여 'Slave to the Rhythm' 무대를 연출했는데, 마이클 잭슨 개인뿐 아니라 무대와 다른 댄서들, 소품 등을 모두 입체 영상 처리하여 무대 전면을 가득 채우고 관객석 쪽에서 실재 댄서들이 춤추게 함으로써 가상과 실제가 혼합되는 환상적인 무대를 구현해냈다.

(2) 마이클 잭슨의 영혼이 misfits들을 인도하다 : 프로젝션 테크놀로지+LED 패널 테크놀로지

〈마이클 잭슨: 더 원〉 공연에서는 무대 위에 다양한 크기의 스크림을 설치하여 마이클 잭슨의 영상을 투사했다. 이는 조명, 배경, 댄서들의 움직임 및 LED 패널의 선명한 영상과 조화를 이루며 여러 장면에서 활용되었다.

(3) 메피스토 : 오브젝트 테크놀로지 + LED 패널 테크놀로지

마이클 잭슨 무리를 괴롭히는 메피스토는 살아생전 많은 루머로 마이클 잭슨을 괴롭혔던 파파라치와 타블로이드지를 형상화한 듯한 TV, 카메라, 감시 장치 등으로 구성된 기괴한 모습의 기계 괴물로 표현되었다. 이 장치는 무대 중앙부를 기점으로 자동화되어 움직였으며, 양측의 LED 패널을 활용하여 빠른 움직임이나 형태의 변화 등은 영상으로 처리했다.

샤이와 메피스토의 전투 장면.

⑷ 하늘을 날아다니는 달의 여신 나마 : 플라잉 테크놀로지 + 프로젝션 테크놀로지

여신 나마는 마이클 잭슨과 함께 그의 무리들을 수호한다. 나마는 고정형 플라잉 기술을 통해 무대 상단 좌측에 안전하게 위치했으며, 프로젝션 테크놀로지로 별빛을 표현함으로써 밤이라는 배경과 달이라는 오브제를 강조할 수 있었다.

이외에도 공중 곡예가 가미된 플라잉 기술이 다양하게 구현되었다.

〈마이클 잭슨: 더 이모털 투어〉에서도 다양한 플라잉 기술을 댄스에 접목했는데, 무용수가 천장에서 내려올 때 댄스를 선보이는 것뿐만 아니라 의자 등 소품을 갖고 내려오면서 자연스럽게 무대와 하나가 된다.

(5) 공중의 줄과 조명 광선이 만들어내는 즐거운 눈속임 : 조명 테크놀로지

무대 초반 줄타기 장면에서 주인공이 곡예를 부리는 줄은 형광 연두색이다. 이 무대 위에 줄과 같은 색의 가느다란 조명 광선을 여러 개 배치함으로써 마치 주인공이 움직이는 빛 사이를 날아다니는 듯한 효과를 연출했다. 이는 오브제와 배우의 움직임, 무대, 조명을 조화롭게 연출한 아이디어가 돋보이는 장면으로, 비단 하이 테크놀로지가 아닌 간단한 기술만으로도 훌륭한 무대를 연출할 수 있음을 보여주는 사례라고 할 수 있다.

마 이 클 잭 슨

(6) LED 의상을 활용한 움직임의 강조

〈더 이모털 투어〉에서는 색색깔의 트레이닝 웨어를 입은 댄서들이 등장해 〈스릴러〉, 〈빌리 진〉 등의 음악에 맞추어 춤을 선보였는데, 〈빌리 진〉 장면에서는 주변 조명이 꺼지고 댄서들의 트레이닝 웨어에 달린 광섬유만 빛나게 하여 몸동작이 더 잘 보이는 효과를 연출했다.

한편 작은 전구가 알알이 박힌 딱 붙는 의상을 입은 댄서들은 바디 컨택트를 강조한 움직임을 선보임으로써 꽃이나 별과 같은 무생물을 표현하기도 했다.

(7) 그림자가 만드는 환상

엄청난 기술이 소요되지 않았지만 아이디어와 발상의 전환만으로 감동적인 무대를 구현하게 하는 기술 중 하나로 그림자가 있다. 〈마이클 잭슨: 더 원〉 공연에서도 이와 같은 기술을 활용해 그림자로 확대된 커다란 인물과 TV, 그리고 실제 크기의 배우를 한 무대에 올려 연기하도록 했다. 결과적으로 관객의 눈을 확실히 잡아둠과 동시에 주제를 효과적으로 전달함으로써 두 마리 토끼를 잡는 데 성공했다.

Attraction Shadow Theater Group 은 헝가리 부다페스트 출신의 무용단으로, 무용에 그림자를 접목해 모든 무용수들이 흰색 막 뒤에서 연기하는데, 이때 신체를 다양하게 활용하고 배우 간의 거리차를 이용해 생각지 못한 아름다운 무대를 구현해낸다. 이러한 발상의 전환은 많은 사람들에게 감동과 재미, 놀라움을 주었고 2012년 런던 올림픽에 소개되며 많은 이들의 관심을 받았으며, 2013 브리튼스 갓 탤런트Britain's Got Talent 에서 우승하기도 했다.

TV를 비롯한 대중매체의 공격을 그림자로 표현.

Attraction Shadow Theater Group의 그림자 무용.

BLUE MAN GROUP.

블루맨 그룹

음악과, 기술, 페인팅이 마구 얽혀 만들어진 파란 남자들의 코믹한 무대.

초연_ 1987년 미국 맨해튼 일대 센트럴 파크 등지Central Park, Performing Garage, Dixon Place, PS122 etc., NY, US 거리 퍼포먼스로 호평을 얻은 후 Off-Broadway 진출

1991년 Tubes / Rewired / Now More Wow, 아스토어 플레이스 극장Astor Place Theatre, Off-Broadway, NY, U.S.

1995년 Tubes / Rewired / Now More Wow, 찰스 플레이하우스 Charles Playhouse, Boston, U.S.

1997년 Tubes / Rewired / Now More Wow, 브라이어 스트리트 극장Briar Street Theater, Chicago, U.S.

기획_ 블루맨 그룹 공동대표 크리스 윙크Chris Wink, 매트 골드먼Matt Goldman, 필 스탠튼Phil Stanton

극본·연출_ 블루맨 그룹

음악_ 래리 헤인먼Larry Heineman, 이안 페이Ian Pai, 브라이언 드완Brian Dewan

무대 디자인_ 케빈 조셉 로어쉬Kevin Joseph Roach

조명_ 브라이언 알두스Brian Aldous

파란 얼굴, 파란 손의 남자들이 호기심 가득한 눈을 동그랗게 뜨고 관객들을 쳐다본다. 스머프가 아니다. 블루맨이다. 블루맨 그룹은 크리스 윙크, 매트 골드먼, 필 스탠튼에 의해 창설된 뉴미디어 퍼포먼스 공연 그룹이다. 타악기 중심의 음악, 코믹 연기, 멀티미디어 및 과학적 체험을 한데 엮은 새로운 개념의 엔터테인먼트 쇼를 선보이며 '블루맨'이라 불리는 파란 얼굴을 한 남자들이 무대 중앙에서 모든 연극적 요소들을

담당한다. 블루맨들이 무대 위 괴이하게 생긴 물체들을 두드리자 그것들은 어느새 악기가 되고 음악이 되고 그림이 된다. 이러한 즐거운 경험 뒤에는 무대의 효과를 극대화하는 다양한 기술들이 존재한다.

특 징
–

> "Stories have to be told in **new ways** for each generation."
> 이야기들은 시대에 따라 새로운 방법으로 표현되어야 한다.
>
> 필 스탠튼, 블루맨 그룹 제작자

블루맨 그룹의 정신과 특징은 2006년 Megastar Tour 공연에 수록된 특별 영상에서 잘 드러난다. 공동 창시자인 크리스 윙크, 매트 골드먼, 필 스탠튼의 머릿속에는 언제나 물음표가 하나 떠 있다. "어떻게 하면 같은 내용을 좀 더 새롭게, 남들과는 다르게 표현할 수 있을까?"

크리스와 매트, 필은 우선 공연을 하고 싶었다. 공연을 위해서는 악기가 필요했기 때문에 먼저 드럼을 만들어야겠다고 생각했다. 그 누구도 생각하지 못한 방법으로. 그래서 탄생한 것이 바로 블루맨 그룹의 상징인 드럼본(Drum+Trombone=Drumbone)이다. 서로 다른 길이의 금속판을 섬세하게 잘라 이어 붙이면 실로폰이 되듯, 드럼본은 PVC 소재의 파이프를 다양한 길이로 여러 조각 이어서 만든 타악기로, 길이 조절에 따라 다양한 음 높이를 만들어낸다. 제작자들은 과거 동양에서 대나무를 이용해 타악기로 썼던 것과 같이(인도네시아 악기 앙클룽Angklung

은 서로 다른 길이의 대나무통 안에 가는 대나무 스틱을 넣고 흔들어 다양한 음 높이를 낸다) 과거의 아이디어와 현대의 기술을 섞은 재미있는 조화라고 언급한 바 있다. 블루맨들은 이 악기를 엄청난 속도로 두드리며 역동적인 소리를 만들어내는데, 이 소리와 리듬을 기반으로 무대 위에서는 흥겨운 록 공연이 펼쳐진다.

블루맨들은 그들이 표현하고자 하는 모든 것들을 예술적인 방법으로 공연 안에 풀어넣고 싶었다. 하지만 제작자들 중 어느 누구도 악기나 회화를 전공하는 등 소위 '예술'을 한 사람이 없었고, 고민 끝에 이전에 없던 방법으로 예술적인 드럼 연주를 시도해보기로 생각했다.

예술적 방면으로 영감을 준 것은 현대 미술가 잭슨 폴락이다. 잭슨 폴락의 예술 작품이나 그가 예술을 할 때 사용하는 자유로운 창작 방식을 작품에 접목한다면 뭔가 새로운 것이 나올 것 같았다. 드럼 위에 물감을 붓고 그 위를 힘껏 두드리자 액체가 리듬에 따라 하늘 위로 높이 솟구쳐오르며 음악과 예술이 하나 되는 듯한 모습이 연출되었다. 그들은 음악과 미술이 동일한 방법으로 동시에 만들어질 수 있다는 것을 보여주었다.

그리고 이 모든 것들을 자연스럽게 묶어주는 것이 바로 '코미디'라는 요소였다. 블루맨 캐릭터 자체는 호기심이 강하고 창조의 욕구, 경험의 욕구를 강하게 표출하고 있다. 이들은 처음 보는 대상을 대할 때는 어린아이처럼 만져보고 들여다보고 귀 기울인다. 여기에 약간의 주저함과 조심스러운 태도가 가미되어 어리숙하지만 순수하고 재미있는 캐릭터가 형성되었다. 관객들은 블루맨이 옷 위에 물감을 뿌려도, 천천히 다가와 슬며시 가방을 가져가도, 처음 보는 물건인 양 스마트폰을 가져가 이리저리 만져보아도 불쾌해하기는커녕 오히려 즐거워한다. 이렇게 재미있는 캐릭터가 있었기에 관객들에게 친근감을 형성해 공연에 더 적극적으로 참여할 수 있도록 유도할 수 있었을 것이다.

제작자들은 과학 박물관의 팬이었기 때문에, 어린 시절 박물관에서 봤던 다양한 과학적 원리들과 그것들을 설명하기 위한 체험 도구들을 무대 위에서 표현하고 싶었다. 소리의 주파수에 따라 실시간으로 움직이는 그래프, 뇌 안의 구조에 대한 놀라운 영상 등이 그것이다. 하이테크, 미디엄테크, 로우테크를 가리지 않고 새롭고 재미있는 것이라면 무엇이든 무대 위로 올린다. 그리고 그들의 주제 의식과 정신에 맞게 변형하고 표현한다. 이것은 기술과 예술의 융합을 이야기하는 모든 이들이 눈여겨보아야 할 부분일 수 있다. 기술을 활용한 예술 작품이나 공연 중에는 초고속, 초대형, 초박형 기술임을 강조하며 지금껏 공개되지 않았던 새로운 기술의 예술적 접목이라고 소개하는 경우가 더러 보인다. 하지만 고도화된 기술이 반드시 공연의 완성도를 의미하지는 않는다. 기술과 예술의 만남 자체가 화제가 되던 시절도 있었지만 이제는 다시 스토리이다. 창조의 순간은 단순하다. 전달하고자 하는 주제 의식을 끝까지 일관성 있게 잡고 가되, 그 위에 표현이나 장면 강조에 도움이 되는 기술을 적절히 가미하는 것이 관객에게 감동을 줄 수 있는 열쇠임을 명심해야 할 것이다. 이러한 점에서 블루맨 그룹의 다양한 시도는 많은 이들의 귀감이 됨 직하다.

블루맨 그룹의 퍼포먼스는 일련의 스토리라인을 가지지는 않지만, 공연 **스토리**
전체를 관통하는 몇 개의 주제를 다양한 미디어를 통해 표현하는 특징
을 갖고 있다.

과학과 기술-배관, 프랙털 구조, 인간의 시각 지능, DNA, 인터넷
등 복잡하고 트래킹이 어려워 전체 사이즈를 가늠할 수조차 없
는 네트워킹 시스템에 대해 다룬다.

정보의 홍수, 정보 오염-관객에게 마이크를 넘기고 무대 위 영상
에서 한꺼번에 쏟아져나오는 정보들을 모두 읽어내라고 하는 장
면에서 무제한적으로 늘어나는 정보와 그 안에서 혼돈을 겪는
현대인의 군상을 유머러스하게 풀어낸다.

무지-블루맨은 어린아이와 같은 순수함과 호기심을 가진 캐릭터
들로, 모두가 알고 있는 당연한 현상이나 관객의 반응에 대해
놀라거나 황당해하는 표정을 보인다.

문화적 규범에 대한 자기중심적이고 순진한 모방-'록 콘서트를 즐
기는 법'이라는 DVD를 보고 따라 하는 것만으로도 훌륭하게
록 콘서트를 즐길 수 있을 것이라고 생각하거나, 우아한 분위기
의 저녁식사에서 고상하게 트윙키(미국의 어린아나 젊은이들이 즐

겨 먹는, 카스테라와 같은 질감의 과자)를 먹고자 하는 장면. 이마 저도 포장 봉지를 제대로 뜯지 못해 관객에게 도움을 요청한다. 이는 마치 소꿉장난을 하는 어린아이를 보는 것 같아 관객들로 하여금 웃음을 자아낸다.

아웃사이더–블루맨은 언제나 셋이서 등장하는데, 그 이유는 외형 적으로 보나 태도로 보나 분명 사회의 주류로부터 벗어난 아웃 사이더이지만 셋이라는 수는 집단으로 보일 수 있는 최소한의 숫자이기 때문이다. 하지만 이 안에서도 잦은 장난, 한 명을 우 스운 상황으로 몰아넣는 장면 등에서 다시 한 번 아웃사이더라 는 주제를 부각시킨다.

루프탑(혹은 위를 향해 올라가는 것)–〈Complex tour〉라는 곡의 시 각적 효과와 가사에서 볼 수 있듯, 블루맨 그룹의 공연은 지붕 (Roof)이라는 공통의 테마를 다룬다. 록 콘서트를 즐기기 위해 관객들이 배워야 하는 동작 중에도 지붕을 들어올리는 듯한 춤 이 있다. 제작자들은 지붕 위로, 하늘을 향해 올라가는 테마가 자신의 행복을 따르는 것Following your bliss을 의미한다고 한다.

기 술 적 용 사 례 **(1) 영상, 배우, 관객을 하나로 만드는 카메라 : 인터랙티브 테크놀로지**
–
공연이 시작되고 무대 뒤 커다란 화면의 영상에서는 원통 사이로 무 언가가 빠른 속도로 내려온다. 블루맨이 파이프 곁으로 다가가자 영상

카메라를 호기심 반 의심 반의 눈으로
뚫어져라 바라보는 블루맨들.

카메라를 들고 객석으로 내려와 한 소년
의 입안을 촬영하기도 한다.

홈쇼핑 광고 장면.

영상 패널을 통해 관객의 호응을 유도하는 모습.

화면 속 스틱맨이 관객들에게 엉덩이를 흔들며 재미있게 놀자고 유도한다. 올랜도 버전의 공연에서는 기존의 스틱맨에 관절이 생기며 보다 구체적인 외형을 갖게 되었다. 공연이 시작되기 전, 스틱맨은 여러 가지 색깔의 조명으로 반짝거리며 공연장 주변을 돌아다니는데, 이를 통해 관객들이 사전에 공연 내용과 친숙해질 수 있도록 이끈다.

에는 블루맨의 얼굴이 비춰진다. 내려온 무언가는 바로 카메라였다. 카메라를 관객에게 비추자 관객들은 환호한다. 이와 함께 드럼본 연주가 시작된다. 블루맨은 신기한 듯한 표정으로 다른 블루맨이 연주하는 모습을 촬영하기도 하고 셀프 카메라를 찍기도 한다. 이 카메라는 지속적으로 관객을 공연에 참여시키는 데 사용된다.

(2) 영상 패널로 관객의 호응 유도

'록 콘서트를 즐기는 방법'이라는 DVD 홍보 영상이 나온다. 조금은 우스꽝스러운, 사기에 가까워 보이는 홈쇼핑 광고이다. 블루맨이 전화기를 들고 구매 버튼을 누르자 노래가 흘러나오고 음악에 맞추어 손을 좌우로 흔드는 스틱맨들이 등장한다. 관객들은 자연스럽게 이들을 따라 무대에 호응하게 된다. 이후 이 인스트럭션 화면은 요가 자세와도 같은 우스꽝스러운 동작을 지시하고 거기에 맞추어 동작을 따라 하려 낑낑대며 애쓰는 블루맨의 모습에서 웃음을 자아내게 된다.

무대 뒤 화면 속 소녀가 쓰고
있는 내용과 무대 위 여성이
부르는 노래가사가 일치한다.

(3) 영상과 무대가 하나로 : LED 테크놀로지

블루맨이 파이프 내부를 들여다보자 영상은 시야를 옮겨 새로운 세
계로 이끌어간다. 카메라는 도시 한복판을 비추며 한 여자가 가진 노
트로 시선을 이동한다. 여자는 노트에 무언가를 끄적거리기 시작하는
데 이 내용은 바로 무대 위에서 밴드가 부르고 있는 노래의 가사이다.

(4) LED옷을 입은 블루맨들

조명이 어두워지고 블루맨이 가느다란 파이프를 휘두르며 등장한다.
이 파이프는 매우 가늘고 길기 때문에 휘두를 때 펜싱 소리가 난다. 블
루맨들은 이것을 악기처럼 활용해 리듬에 맞춰 휘두른다.

블루맨들의 의상에는 색색의 조명선이 둘러져 있다. 팔, 다리, 몸통

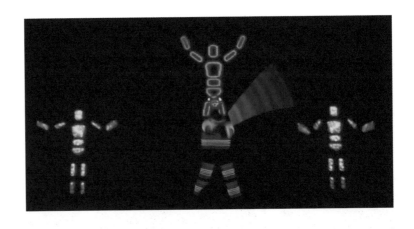

을 따라 원통형으로 둘러진 이 선들은 박자에 따라 굵어지기도 하고 가늘어지기도 한다. 이후 노래가 시작되는데 리드 싱어의 원피스 또한 조명선으로 둘러져 있어 리듬에 맞추어 굵기가 달라진다.

(5) 즐거운 눈속임 : LED 패널

2012년 올랜도 공연에는 커다란 스마트폰 세 대가 등장한다. 이는 사실 스마트폰의 비율로 제작된 평면 LED 패널이다. 블루맨들은 스마트폰을 처음 보는 듯한 표정과 행동으로 기기 내부의 여러 가지 앱을 실행시켜가며 관객들의 웃음을 유도해낸다. 뿐만 아니라 LED 패널의 앞뒤를 왔다 갔다 하며 화면 속의 블루맨과 무대 위의 블루맨이 교차하는데, 두 명의 블루맨이 한 몸인 것처럼 몸동작과 타이밍을 정교하게 맞추어 움직이기 때문에 관객들은 즐겁게 속아 넘어가게 된다.

　　이와 같이 현실의 구조물에 영상을 입혀 새로운 입체적 공간을 창조
해내는 기술을 통칭 프로젝션 맵핑Projection Mapping이라 하는데, 이는
매우 효과적인 영상 기술로 대형 공연 무대나 기업의 마케팅, 홍보 등
에 활발하게 활용되고 있다.

　　빛의 연금술사로 불리는 댄디펑크Dandypunk는 빛을 주제로 한 프로젝
션과 음악, 안무, 연기, 후처리 과정을 모두 혼자서 해내는 다재다능한
아티스트이다. 컴퓨터 프로그래밍을 통해 다양한 크기와 형태의 빛을
형성하고 그 위에 완벽하게 들어 맞는 안무를 구성해 융합함으로써 환
상적인 분위기의 영상예술 작품을 만들어냈다.

　　2011년 빌보드 뮤직 어워드에서는 미국의 유명 가수 비욘세 놀즈
Beyonce Knowles의 무대가 프로젝션으로 화려하게 펼쳐졌다. 수십, 수백
명의 비욘세가 무대에서 함께 춤추는 장면이나 비욘세의 손짓만으로

　　　　　　　　　　　　　　　　　　　블 루 맨　그 룹　퍼 포 먼 스

빌딩들이 솟아오르는 장면 등으로 많은 이들에게 시각적 즐거움을 제
공해주었다.

—

제4장

차세대
문화 산업을
생각하다

TECHNOLOGY

ROBOT

CULTURE

MUSICAL

CONVERGENCE

로봇 기술 주도의 융합, 대한민국 문화 산업의 열쇠

본격적인 성장을 시작한 지 약 10년이 되어가는 우리나라의 뮤지컬 시장은 기계 산업 기반의 기술을 바탕으로 예술적 융합을 도모함으로써 한류를 잇는 차세대 문화 산업의 주역으로 성장할 것으로 기대되고 있다.

노래와 춤 등 흥겨움을 즐기고 나눌 줄 아는 한민족의 역사 속에는 예로부터 탈춤이나 농악, 마당놀이 등 음악과 춤, 악기 연주가 들어가는 공연 형식의 무형 문화재가 다수 존재한다. 판소리는 20세기 초 창극으로 발전하며 공연의 형식을 띠기 시작했다. 이후 취성좌 극단 등 가극단이 등장해 무대에 음악과 막간극을 올리는 등 진보된 형태를 보였으며, 악극단이 창설되며 보다 서구화된 편곡과 반주로 작품의 통일성에 기여했다.

현재의 뮤지컬 형식에 가장 근접한 최초의 작품으로는 전후 1961년 한국 전통 예술의 세계화를 목표로 창단된 예그린 악단의 1966년 작품 〈살짜기 옵서예〉를 예로 들 수 있다. 이후 1970~80년대는 외국 뮤지컬의 모방기로 〈아가씨와 건달들〉이 흥행에 성공하며 한국 뮤지컬 시장의 저변 확대에 기여했다.

1990년대는 다양한 규모의 작품들이 창작되며 뮤지컬의 생태계가 형성되는 시기였는데, 대형 창작 뮤지컬 〈명성황후〉는 국내에서의 흥행을 바탕으로 1997년 뉴욕, 2002년에는 런던에서 공연하는 등 뮤지컬의 본고장에 진출하며 한국 뮤지컬을 인식시키기도 했다. 〈렌트〉, 〈시카고〉 등 외국 뮤지컬의 소개와 더불어 소극장 창작 뮤지컬의 활성화도 함께 이루어졌는데, 〈지하철 1호선〉, 〈사랑은 비를 타고〉 등은 우리나라 소

극장 창작 뮤지컬을 대표하는 작품들로 지금까지도 공연되며 대학로 뮤지컬계를 이끌어가고 있다.

2000년대에는 〈오페라의 유령〉, 〈캣츠〉, 〈왕과 나〉, 〈맘마미아〉, 〈미녀와 야수〉, 〈시카고〉, 〈아이다〉, 〈미스 사이공〉, 〈라이온 킹〉 등 브로드웨이와 웨스트엔드에서 성공을 이룬 대중적 작품들이 소개되며 뮤지컬의 대중화를 견인했으며, 이는 곧 우리나라 뮤지컬 시장의 질적, 양적 성장으로 이어졌다. 그중 〈오페라의 유령〉은 전국적 인기를 끌며 국내 뮤지컬 산업 시장 규모를 단번에 확대시킨 주인공으로, 시장의 성장과 함께 해외의 무대 기술과 마케팅, 제작 노하우 등에 대한 적극적인 도입이 시작되어 국내 뮤지컬 산업의 튼튼한 근골이 형성되는 계기가 되기도 했다.

최근에는 블루스퀘어나 샤롯데씨어터, 디큐브아트센터 등 뮤지컬 전용 대형 극장이 등장해 다양한 형태와 규모의 공연이 이루어지고 있다. 〈엘리자벳〉, 〈레베카〉 등 유럽 지역의 뮤지컬이 소개되어 흥행하는 등 뮤지컬 팬들의 취향도 다양해지고 있으며, 라이선스 뮤지컬의 지분율이 증가하고 뮤지컬의 주요 장면을 국내 기술로 내수화하는 등 새로운 뮤지컬 시장으로서의 입지를 굳히고 있다.

한국 뮤지컬의 지속적인 성장과 발전의 활로를 모색하기 위해서는 뮤지컬 전용 제작 공간 및 공연장의 구축이 필요할 것으로 보인다. 공연에 필요한 기술 및 시스템이 내장된 뮤지컬 전용 제작 공간 및 공연장이 구축되면 뮤지컬의 제작, 연습, 공연이 한 공간에서 이루어질 수 있으므로 시간과 자원을 효율적으로 배분할 수 있게 된다. 공연 기술 보유 기관의 경우 기존 R&D 개발 기술의 안정성과 신뢰성을 실험하는 장소로 활용할 수 있으며, 안정화된 기술을 공연에 접목할 수 있다. 공연 기획사와 공연 제작사의 경우 장기 공연을 위한 인프라를 확보함으로써 뮤지컬의 제작비를 절감할 수 있으며, 해외 라이선스 공연팀의 현지 연습 시설로도 활용될 수 있다는 장점이 있다.

제도적 기반으로는 첨단 기술을 접목시킴으로써 뮤지컬 시장 전반의 산업성과 경제성을 제고하고, 첨단 기술 분야의 시장 논리를 도입하여 선진화된 비즈니스 체계를 구축할 필요성이 대두된다. 표준 계약을 규정하고 체계적인 투자 환경을 조성함과 동시에 뮤지컬 산업 활성화를 위한 지원 제도의 개선과 펀드 조성 방안이 마련된다면 뮤지컬 산업의 체계적인 질적, 양적 성장이 이루어질 것으로 보인다.

우리나라의 2차 산업 성장이 해외 우수 원자재를 수입해 국내의 우수한 기술로 제품을 만들거나 가공한 후 이를 다시 해외로 수출하는 '수입-가공-수출' 체계를 통해 이루어졌듯, 국내 뮤지컬 산업의 2차 성장 또한 이와 마찬가지 방식으로 성장할 수 있을 것이다. 우수 해외 공연 콘텐츠에 국내의 수준 높은 첨단 공연 기술을 접목하여 작품을 재가공하고, 새롭게 창작된 뮤지컬 및 뮤지컬 내의 세부 모듈 기술들을 수출하는 모델을 설정해 국내 뮤지컬 산업의 성장을 촉진하고 해외 시장으로의 진출 활성화를 도모할 수 있다. 뿐만 아니라 선진화된 산업 시스템 및 풍부한 기술적 인프라를 기반으로 한 적극적인 투자와 인력

양성을 통해 창작 뮤지컬 시장의 성장 또한 함께 이루어질 수 있을 것
이다.

　로봇의 두뇌는 무대 위의 촛불이 되어 오페라 하우스 지하를 아름답
게 밝혔고, 로봇의 근육은 강인한 영웅 킹콩의 심장을 뛰게 했으며, 별
이 빛나는 밤, 로봇의 팔은 마법의 양탄자를 하늘 높이 날게 했다. 이처
럼 로봇의 요소기술들이 손을 내밀어 성장하는 뮤지컬 산업에 생명력
과 정교함을 더하게 될 때, 그 만남은 로봇 문화와 뮤지컬 산업을 견인
할 뿐만 아니라 문화 산업의 성장이 발돋움하고 있는 상황 속에서 로봇
문화와 뮤지컬 시장의 동반 성장을 기반으로 주변 산업에까지 그 창조
의 물결이 퍼져나갈 것으로 기대해본다.

두 개의 문화가 충돌하는 지점에서 창조의 기회가 제공된다는 C. P. Snow의 말처럼, 로봇을 활용한 새로운 융합 연구 분야에서, 무대 기술을 로봇 R&D 기술로 대체하는 방법에 대해 관심을 갖게 되었습니다.

살아오면서 나만이 잘할 수 있는 일과 재미있는 일을 하고 싶어 했던 마음으로 음악의 감성과 작곡의 논리, 임상심리학적 접근을 통해 인간과 로봇의 감정 교류 및 소통 수단을 제시하고자 했던 초창기 연구가 로봇과의 인연을 맺어주었고, 로봇과 심리, 로봇과 예술, 로봇과 문화가 함께 만나는 그곳에 뮤지컬이 있었습니다.

로봇과 뮤지컬의 만남이 일구어낸 오늘을 분석하고 로봇 산업과 뮤지컬 산업이 시너지를 일으켜 동반성장 해나갈 내일을 예측해보는 작업은 제게 뜻깊고 행복한 시간이었습니다.

로봇 기술과 문화의 융합이 가져올 새로운 산업의 성장과 발전을 연구했던 시간들에 대해 많은 분들이 공감해주시고 지지해주신 결실로 이 책이 출간될 수 있었음에 감사드리며, 제가 해왔던 일들에 비해 과분한 사랑을 주시고 지금까지의 모든 과정에 힘이 되어주신 모든 분들께 다시 한 번 감사의 말씀을 드립니다.

이 책의 기획에 동기를 부여해주시고 아낌없는 격려로 응원해주신 한국뮤지컬협회 설도윤 이사장님, 진심으로 감사드립니다. 성의를 다해 무대 기술에 대해 감수해주신 유석용 대표님, 감사드립니다.

진정성 있는 따뜻함으로 리더십을 보여주신 산업통상자원부 김재홍 전 차관님, 감사드립니다. 기술과 문화의 융합에 대한 깊이 있는 조언 주신 산업통상자원부 문승욱 국장님, 진심으로 감사드립니다. 2018 평창동계올림픽대회 조직위원회 엄찬왕 국장님, 많이 배울 수 있는 시간들에 감사했습니다.

학문적으로 인격적으로 언제나 귀감이 되어주시는 스승이신 히사토 고바야시 교수님, 늘 존경합니다.

로봇융합포럼을 통하여 로봇과 문화의 융합의 장을 열어주신 한국로봇산업협회, 그리고 로봇 시범사업을 통해 로봇 기술과 뮤지컬이 만날 수 있는 기회를 마련해주신 한국 로봇산업진흥원, 감사드립니다.

집필할 수 있도록 부족한 저에게 용기 북돋아주시고 도와주신 이인식 소장님, 감사합니다. 김종희 박사님, 한결같은 믿음과 격려에 늘 감사하고 있습니다.

그리고 물심양면으로 조언해주시고 도와주신 한국공학한림원 출판위원회와 휴먼큐브 출판사의 모든 관계자 분들께 깊은 감사드립니다.

늘 묵묵히 지지해주는 남편과 아들 딸 세리, 필규, 민규에게 큰 사랑을 전하며, 끝으로 나의 하나님, 감사드립니다.

로봇,
뮤지컬을
만나다

ⓒ 2014 지은숙

1판 1쇄 2014년 12월 17일
1판 3쇄 2019년 5월 24일

지은이 지은숙
펴낸이 황상욱

기획 황상욱 **편집** 황상욱 윤해승
디자인 이현정 **마케팅** 최향모 이지민
제작 강신은 김동욱 임현식 **제작처** 한영문화사

펴낸곳 (주)휴먼큐브
출판등록 2015년 7월 24일 제406-2015-000096호

주소 10881 경기도 파주시 회동길 455-3 3층
문의전화 031-8071-8685(편집) 031-8071-8670(마케팅) 031-8071-8672(팩스)
전자우편 forviya@munhak.com **트위터** @humancube44 **페이스북** fb.com/humancube44

ISBN 978-89-546-2651-4 03550

이 도서의 국립중앙도서관 출판예정도서목록(CIP)은 서지정보유통지원시스템 홈페이지(http://seoji.nl.go.kr)와
국가자료공동목록시스템(http://www.nl.go.kr/kolisnet)에서 이용하실 수 있습니다.
(CIP제어번호 : CIP2014033225)

이 시리즈는 해동과학문화재단의 지원을 받아
NAEK 한국공학한림원과 휴먼큐브가 발간합니다.